智能快掘工法

石增武　许兴亮　雷亚军　黄永安　主编

中国矿业大学出版社

·徐州·

内 容 提 要

智能快掘工法创新性地提出了以掘支一体化技术为核心，减量质围岩强化控制技术、多机协同控制技术，"技术、装备、工艺、组织"耦合系统化管理体系等作为保障，形成技术密集、成套系统化特征，依托新工艺装备实现"探、掘、支、破、运"一体化作业的大断面煤巷智能快速掘进技术，确保大断面煤巷快速、高效、优质、安全施工，为我国全面建成智慧煤矿发展新模式奠定了技术和理论基础，对提升我国煤炭科技的国际竞争力具有重大意义。

图书在版编目(C I P)数据

智能快掘工法 / 石增武等主编. —徐州：
中国矿业大学出版社，2021.5
　ISBN 978 - 7 - 5646 - 5020 - 9

　Ⅰ. ①智… Ⅱ. ①石… Ⅲ. ①智能技术—应用—煤巷
掘进 Ⅳ. ①TD263.5—39

　中国版本图书馆 CIP 数据核字(2021)第 088657 号

书　　名	智能快掘工法
主　　编	石增武　许兴亮　雷亚军　黄永安
责任编辑	张海平　于世连
出版发行	中国矿业大学出版社有限责任公司
	（江苏省徐州市解放南路　邮编 221008）
营销热线	（0516）83884103　83885105
出版服务	（0516）83995789　83884920
网　　址	http://www.cumtp.com　E-mail：cumtpvip@cumtp.com
印　　刷	徐州中矿大印发科技有限公司
开　　本	787 mm×1092 mm　1/16　**印张** 7.5　**字数** 134 千字
版次印次	2021 年 5 月第 1 版　2021 年 5 月第 1 次印刷
定　　价	38.00 元

（图书出现印装质量问题，本社负责调换）

《智能快掘工法》

编委会

主　　编：石增武　　许兴亮　　雷亚军　　黄永安

副 主 编：杨　征　　赵炳文　　李战海　　刘备战

　　　　　朱兴攀　　李献民　　杨建辉　　王　剑

　　　　　王　路

参编人员：张兴宽　　孙志锋　　韩存地　　赵　超

　　　　　吴王平　　马　程　　华照来　　张景辉

　　　　　王振兴　　屈思龙　　拓博爱　　王尚武

　　　　　刘安强　　石　灏　　田素川　　王建炜

　　　　　康中山　　李　强　　车智红　　廉　瑞

　　　　　方建峰　　贾　浩　　高　恺　　赵　燚

　　　　　席继东

序

目前,煤矿智能化建设的新高潮正在全国兴起。尤其是煤矿综采技术装备与矿井配套设施的快速发展,加剧了采掘失衡的矛盾。在此背景下,发展巷道快速掘进成套技术装备、提高掘进智能化水平已经成为保障煤炭生产企业安全高效生产的先决条件。这既是适应我国煤炭行业智能化发展新形势的迫切需要,又是我国千万吨级矿井实现高质量发展目标的必然选择。因此,只有不断地进行理论、技术与装备创新,才能推动我国煤炭工业快速发展。

大型煤炭企业的科研人员是智能化快速掘进技术研究的重要力量。陕西陕煤榆北煤业有限公司多年来不断引进智能化先进生产装备,依托中国矿业大学等高等院校进行关键技术科研攻关,对形成和发展巷道快速掘进成套技术进行了不懈探索和实践,取得了显著成就,积累了宝贵经验。曹家滩矿业有限公司智能快掘科研团队全体成员同心合力、艰难跋涉、克服一个又一个困难,解决一个又一个难题,将课题研究一步一步推向深入,取得一个又一个令人惊叹的研究成果。因此,《智能快掘工法》的成功出版面世,是推动我国煤炭工业智能化高质量发展的重要研究成果,值得称道和祝贺。

智能快速掘进是一项复杂的系统工程,既要注重顶层设计,也要发挥基层探索作用;既要突出阶段性重点,又要通盘考虑各个环节的衔接配套。本书着眼于智能快速掘进的基层探索,从增强优化改造的科学性、系统性、协调性角度出发,着力突破掘进工艺的瓶颈环节，总结了基层单位敢闯敢干、先行先试的经验，探索形成一套可复制、可推广的工艺方法，既有理论高度、理论思维，又有实践经验、创新做法，为全面推动巷道掘进智能化发展、集中力量进行突破攻关、实现以点带面、激发企业发展活力，提供了有益的借鉴。

《智能快掘工法》的出版，不仅是对曹家滩矿业有限公司全体科研人员智慧研究成果的系统性梳理、总结、提炼和升华，而且也是贯彻落实国家八部委《关于加快煤矿智能化发展的指导意见》、国家能源技术创新行动计划、陕西煤业化工集团有限责任公司"331工程"的实际行动和具体体现。由于我国煤矿智能化发展尚处于初级阶段，尚存在发展理念不清晰、智能化建设技术标准与规范缺失、技术装备保障不足等问题，尤其是智能快速掘进的理论和技术研究工作还很繁重，我们希望有更多的专家学者加入，产生出更多的高质量研究成果。

诚恳希望新一代采矿人：始终坚持正确的发展方向，解放思想，与时俱进，秉持"路漫漫其修远兮，吾将上下而求索"的执着进取精神，勤于学习，善于思考，勇于探索，敢于实践，努力为国家煤炭行业装备、技术、管理升级发展做出新的重大贡献！

本书付梓之时，草成以上文字，为之序。

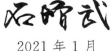

2021年1月

前　言

　　煤炭是我国的主体能源,也是最经济和可清洁高效利用的能源。根据当前我国资源禀赋以及现实经济社会需求,未来50年内,煤炭仍将是我国主体能源。近年来,国家出台一系列加快煤矿智能化发展的政策文件,围绕智能化无人开采的重大技术需求,把突破行业共性核心问题,加快智能、安全、高效现代煤炭生产体系建设作为主要目标。十九大报告提出"加快建设制造强国,加快发展先进制造业,推动互联网、大数据、人工智能与实体经济深度融合";为深入贯彻落实习近平总书记"四个革命,一个合作"能源安全战略,国家发改委等八部委联合提出《关于加快煤矿智能化发展的指导意见》,意见指出:突破制约煤矿智能化发展的瓶颈,把握能源革命发展机遇,以智能技术为牵引布局煤矿智能化发展,推动煤炭开发利用方式变革;国家《能源技术创新"十三五"规划》将"掘支运一体化快速掘进系统"作为集中攻关类项目,以期构建适应不同地质条件的快速掘进技术与装备体系,全面提高巷道掘进效率。

　　曹家滩煤矿作为榆神矿区新建千万吨矿井,在智能化转型升级过程中,积极响应国家政策,成立王剑智能快掘科研团队,结合本矿井地质开采条件,依托中国矿业大学智能掘进与岩层控制团队理论技术支撑,引进国内首套智能快速掘锚成套装备,通过工艺优化及装备技术改革,实施"机械化换人、自动化少人、智能化无人"专项行动,在"十三五"期间打造了多个现代化智能掘进工作面,探索出一套成熟的"王剑智能快速掘进工法",解决了大型矿井面临的因掘进效率低下导致的"采掘失衡"重大难题。

智能快掘工法创新性地提出了以掘支一体化技术为核心,减量质围岩强化控制技术、多机协同控制技术、"技术、装备、工艺、组织"耦合系统化管理体系等作为保障,形成技术密集、成套系统化特征,依托新工艺装备实现"探、掘、支、破、运"一体化作业的大断面煤巷智能快速掘进技术,确保大断面煤巷快速、高效、优质、安全施工,为我国全面建成智慧煤矿发展新模式奠定了技术和理论基础,对提升我国煤炭科技的国际竞争力具有重大意义。

作者

2021 年 1 月

目　录

第1章 快掘工艺发展历程

当前,我国煤炭开采主要以井工为主,巷道掘进工程与支护工程量浩大,要完成如此庞大的巷道施工量,就需要妥善解决困扰大断面巷道掘进、支护所面临的系列复杂理论与技术难题,进而确保大断面巷道快速、高效、优质、安全施工。因此,按照"采掘并举,掘进先行"的生产方针,加快大断面巷道施工速度,确保煤炭企业采掘接续正常生产,对于保障我国维持国民经济持续发展对能源的需求具有重大的现实意义。其中按开掘的方式,快掘工艺可分为爆破掘进和采用综合机械化掘进两类。

1.1 爆破快掘工艺发展历程

1.1.1 爆破掘进施工现状

随着煤炭工业的发展,煤矿掘进技术水平有了很大提高。岩巷掘进技术(如锚喷支护技术、中深孔爆破技术)的快速发展和施工机械的大量应用,形成了比较成熟的机械化作业线,大大加快了岩巷掘进速度。岩巷掘进技术主要有两种施工手段:钻爆法和综掘法。

我国岩巷掘进施工的机械化水平、施工工艺、施工速度仍是矿山建设的薄弱环节,施工速度较慢都还明显落后于发达国家。发展钻爆法掘进,优化爆破工艺,实现岩巷的快速掘进,成为我国煤矿岩巷掘进施工的重点方向。20世纪80年代以侧卸式装岩机为主的机械化作业线的试验和推广工作,在新汶矿业集团协庄煤矿取得连续3个月成巷100 m以上的成绩,开滦矿务局在断面约15 m²的巷道中分别创月进尺184.8 m、210 m、252.4 m的全国纪录。但是以侧卸式装岩机为主的作业线并没有得到广泛应用，主要问题是由于其设备不稳定、故障率较高，影响到正规循环的进行。

在岩巷施工方面，虽然出现了凿岩台车及全断面岩巷掘进机等机械化掘进施工方法，但由于我国地质条件复杂，岩层差异性大，特别是现有的机械化岩巷综掘机还存在高耗能、低效率、高故障率的问题，一直是制约岩巷实行综掘施工的主要问题。

20 世纪 70 年代，光面爆破具有众多优点，因而受到我国煤矿企业的高度重视，在煤矿系统内加以推广，特别是充分利用光面爆破的特点，使之与锚喷结合，大大提高了锚喷支护的作用，这就为成功地推广和应用锚喷支护技术起到了重要作用。20 世纪 90 年代，"三小"光爆锚喷技术在我国的得到推广，提高了岩巷掘进速度。

近年来，一些煤矿快速掘进理论和实践的学者，提出了高效掏槽的复合模型等掏槽机理、周边定向断裂控制爆破等岩巷高效掘进爆破理论和技术，这些技术的发展为快掘施工的进行提供了技术支持。

经过多年的发展，岩巷的快速掘进作业线主要经历了以下三种形式：① 以风动凿岩机、耙斗装岩机为主的机械化作业线；② 以液压钻车、侧卸式装岩机为主的机械化作业线；③ 岩巷综掘机为主的机械化作业线。这三种作业线各有其优势和缺点，就应用广泛性来讲，还是以第一种为主。

岩巷的平均月进尺大约以每年 1 m 左右的速度上涨，到近年已经平均在 70～80 m 的水平，可以说岩巷掘进的水平还很低，远远不能满足需求。巷道的掘进施工，从爆破技术、支护技术上来讲，已经得到了很好的发展，但是技术的进步并没有带来掘进速度的突飞猛进，关键原因是技术进步只能解决暂时问题，技术进步的效果要靠科学的组织管理、良好的装备来辅助进行。同时我们的岩巷施工技术人员往往只是侧重在技术效果，缺乏通盘考虑，导致快掘效果不理想，这也是岩巷快掘推广慢的原因之一。

1.1.2 多因素制约爆破快掘进尺水平

我国中东部的煤矿，开拓巷道以岩巷为主，岩石巷道掘进水平普遍偏低，严重影响了煤矿接续生产。我国每年掘进的岩石巷道长度高达数千千米，其中钻爆法施工占 90% 以上。按历史数据平均值来计算，我国综采机械化程度为 75.79%，而综掘机械化程度为 25.87%，其比例接近 3：1。但是对于岩巷综掘,尤其硬岩(如普氏系数 f 大于 7)巷道,目前我国综掘机存在能耗大、故障率高、效率低、适应性差等问题,应用效果不甚理想。因此,今后很长的一段时间内钻爆法快速掘进在岩巷掘进中将占据主导地位。

岩巷的快速掘进具有开拓困难、占用施工时间长、费用高等特点,这也就决定了岩巷的掘进对于煤矿的建设和生产是个难点。岩巷快掘是一个有机的整体,不仅受自己整体内部的各个因素的影响,同时还受系统外部条件的影响。掘进技术、装备、工艺、组织管理、地质水文、运输、通风、排水、供电等构成了快速掘进的有机整体,相辅相成、缺一不可。掘进速度的提高是多个因素共同作用的结果,而不是单单提高某一方面。

巷道掘进是一个综合的施工工艺,包括掘、支、装、运四大环节,每个环节又分为若干个小环节。就"掘"而言,包括钻眼、装药、连线、爆破等;"支"包括打锚杆眼、装锚固剂、挂网、安装、搅拌、紧固、喷浆等环节。"装"是把爆破下来的岩石装车或者直接上胶带。"运"即是把装完的岩石通过后路的运输系统运出。上述四大环节由于采用的施工装备和组织管理的形式的不同,产生的效果也不同。但是不管怎么变化,如果一个小环节出现问题,就会对整个系统造成影响,制约掘进速度的进行。

制约炮掘巷道速度的因素很多,在不同的情况下,会产生不同的表现形式;但对某一巷道来说,总会有影响因素的主要制约因子,其余是一般的影响因子。决定性的因素对炮掘巷道的速度起到关键作用,而一般的因素对速度的影响较小但也不能忽视。由于炮掘是工序性很强的工作,各个工序与工序之间环环相扣,步步相连,可能"牵一发而动全身",出现一个或多个因素的变化对下步工序造成影响。

1.1.3　采用炮掘法快速掘进施工的实现方式

从系统工程的观点来看,煤矿生产系统由"采、掘、机、运、通、排水、监测监控"七大系统组成,掘进系统是煤矿生产系统的一部分,各个系统之间相互关联,相互影响。掘进系统的属性也主要有集合性、相关性、层次性、整体性、目的性等性质,集合性是指系统有很多可以相互区别的各个子系统或各个要素组成的;相关性是指掘进系统内部的各个要素与要素、要素与系统之间以及掘进系统与外部环境之间的错综复杂的内在关联;层次性是指掘进系统包含若干个子系统,子系统又包括若干个指标,具有多个层次性;整体性是指系统作为一个整体出现并存在于环境中的,而不能仅仅研究其中的一个要素;目的性是指研究系统的目的,为了优化改造某个系统。

所以,系统分析是岩巷掘进系统研究的最重要的方法,岩巷掘进系统是一个复杂的系统工程,通过对系统最终目标、系统构成要素、系统所处环境、系统投入资源和系统组织管理的分析,可以较为准确地发现掘进系统的问题,揭示问题的深层次原因,可以更有针对性地提出解决系统方案。由此可见岩巷快速掘进主要依靠的是系统性管理调度。

1.2 采用综合机械化的快掘工艺发展历程

随着煤矿综合机械化工作面开采技术不断进步和装备的革新,煤炭开采速度不断提高,巷道消耗长度也在不断增加,而巷道掘进技术相对发展较为缓慢,掘进机械化程度不高,工艺组织不够合理,采、掘工作面比例失调,“重采轻掘”等现象没有得到有效的改善。我国煤炭开采主要是井工开采,巷道掘进与支护工程量很大,巷道的掘进速度直接影响着煤矿的开采速度,由于巷道掘进施工工艺的复杂连续性,使掘进速度不仅受到掘进设备的现代化程度影响,而且各工序相互间的紧密联系也对掘进速度有着很大的影响,因此依靠先进的工艺技术和科学的管理方法,加快岩巷掘进速度和提高巷道成型质量,对于保证采掘关系的正常发展,促进煤炭工业的稳产持续发展有着重要意义。

目前,我国煤矿一体化掘进机械设备可分为 3 个类型:第一类为悬臂式掘进机＋单体锚杆钻机掘进系统。该系统发展较早、技术成熟,但掘支不能平行作业、掘进效率低、劳动强度大,月进尺维持在 300～500 m。第二类为连续采煤机＋锚杆钻机组合方式掘进系统。该系统采用双巷道掘进交替作业,月进尺保持在 800～1 000 m,但主要应用于大型矿井整装煤田,其他区域应用较少。第三类为近年研发并初步应用的掘锚一体快速掘进成套装备系统。该系统在我国神东矿区进行了工业性实验,取得了月进尺 2 000 m 以上的记录,但设备配套方面存在缺陷,不能从根本上解决掘进工作面迎头临时支护问题,从而无法大规模、大范围推广应用。

1.2.1　采用悬臂式掘进机快速掘进的工艺

悬臂式掘进机是实现连续破岩、装岩、转载、临时支护和喷雾防尘等工序的一种可自行移动的联合机组。岩石全断面掘进机巷道施工具有机械化程度高,工序简单可连续作业,人力消耗少,施工速度快,工作安全,巷道成型质量好等优点,但存在设备结构体积质量大、造价昂贵、工程成本高等问题。其转弯曲率半径大,对掘进巷道的岩石性质和长度均有一定要求,不适应多变的岩层,特别对涌水量大、断层破碎带等复杂地质条件适应性较差。煤矿中悬臂式掘进机使用较为普遍,悬臂式掘进机按掘进对象分为煤巷、煤-岩巷和全岩巷悬臂式掘进机三种。

1.2.1.1　悬臂式掘进机的发展概况

自动化、智能化采掘技术是提升综掘工作效率、降低工人劳动强度、实现煤矿安全高效生产的重要途径。

(1) 国外悬臂式掘进机发展概况

20 世纪 80 年代以来,国外对悬臂式掘进机自动掘进技术进行了研究,主要涉及状态监测、故障诊断、通信技术、截割轨迹规划等。其中德国、英国及奥地利等国家在悬臂式掘进机自动掘进技术上率先取得成效。德国研制了掘进机成形轮廓及设备运行状况监测系统,开发了手动、半自动、自动机程序控制 4 种操作模式,截割头位置与断面的关系均能显示在工作台显示屏上。英国专为巷道掘进机研制了本安型计算机断面控制系统;通过在重型掘进机上配备一种截割头定位装置,实现了精确的断面制导、断面截割状态显示等功能。

(2) 国内悬臂式掘进机发展概况

中国矿业大学、辽宁工程技术大学、石家庄煤矿机械有限责任公司等单位也开发了基于悬臂式掘进机(见图 1-1)的煤巷掘进自动截割成形系统。

2007 年,山西潞安矿业(集团)有限责任公司王庄煤矿联合中国矿业大学、IMM 国际煤机集团佳木斯煤矿机械有限公司、约翰芬雷工程技术(北京)有限公司、潞安环保能源开发股份公司等共同研发了以悬臂式掘进机为主题的自动化掘进成套装备。该套装备采用 EBZ-150C 型自动化掘进机、S4200 型前配套钻臂系统,同时,配套了 DSJ-80 型可伸缩带式输送机及软启动智能综合保护装置,结合自主研发的矿用掘进湿式离心风幕除尘系统和 KTC101 型设备集中控制装置等,将掘进速度提高了 2 倍。

图 1-1　悬臂式掘进机

2012年,同煤大唐塔山煤矿有限公司采用综掘工艺,锚杆钻车暂停于掘进机后方侧帮处,掘进机完成一次割煤循环作业后,后退贴帮停放,锚杆钻车行驶到掘进工作面开始锚杆支护作业,实现了掘锚交叉综掘作业,有效地解决了塔山煤矿快速掘进难题,提高了巷道掘进速度。

1.2.1.2　悬臂式掘进机的工作原理

悬臂式掘进机一般由移动部分和固定支撑推进两大部分组成。悬臂式掘进机由截割机构、装运机构、行走机构、液压系统、电控系统和喷雾降尘系统等组成。

（1）截割机构

它是由截割头、悬臂和回转座组成的破岩机构。电动机通过减速器驱动截割头旋转,利用装在截割头上的截齿破碎岩石。截割头的纵向推进力由行走履带提供。升降和回转液压缸使悬臂在垂直和水平方向摆动,以截割不同部位的煤岩,掘出所需断面。

（2）装运机构

它由装载机构和中间输送机两部分组成。电动机经减速后驱动刮板链和扒爪或星轮,将截割破碎煤岩集中装载、转运到掘进机后转载机或其他设备,运出工作面。

（3）行走机构

它是驱动掘进机前进、后退和转弯并能在掘进作业时使机器向前推进的系统装置。

（4）液压系统

它由液压泵、液压马达、液压缸、控制阀组及辅助液压元件等组成。用以提供压力油，控制悬臂上下左右移动，驱动装载机构中间的输送机，集料装置及行走机构的驱动轮，并进行液压保护。

（5）电气系统

它向掘进机提供动力，驱动掘进机上的所有电动机，同时也对照明、故障显示、瓦斯报警等进行控制，并可实现电气保护。

（6）喷雾降尘系统

它是降低掘进机在作业中粉尘的装备。它分为喷雾降尘系统和除尘器降尘系统两种形式。

1.2.1.3　悬臂式掘进机的掘进施工工艺

迎头掘进机进尺前，司机必须做好掘进机开机前的检查和准备工作。截割前打开掘进机内、外喷雾和启动负压除尘风机，将正压风筒在距迎头 20 m 处断开，使正压通风和负压抽风在除尘风机吸风口风筒前形成一道风墙，压往迎头，粉尘不向外流动。抽出式风筒吸风口必须固定牢靠，风筒钢丝不变形，吸风口在距迎头 3～4 m 处，确保高浓度粉尘到不了司机操作位置。当迎头进行锚网支护，停除尘风机前，把正压风筒从断开处接好，恢复正常通风。工作面迎头毛断面截割成型后，迎头留有适量的矸石，施工人员进行敲帮问顶后，进行初喷作业作为临时支护措施；做好临时支护后要蹬碴进行第一次锚杆支护。顶板支护采用两台锚杆机打顶锚杆眼，顶板支护完毕后，将迎头及两帮矸石出完，然后用风钻打眼进行两帮支护。随后，进入下一循环掘进。此次支护，只施工设计锚杆总量的一半，其余的锚杆放在喷浆班施工。

1.2.2　采用连续采煤机快速掘进的工艺

连续采煤机是一种适用于短壁开采、集截割、装载、转运、移动行走、喷雾降尘于一身的综合机械化开采设备。它具有体积小、调动灵活、使用方便等优点，不仅可开采煤炭，还能用于巷道掘进。连续采煤机主要用于煤或半煤岩条件下的房柱式开采或巷道掘进，工作面煤岩分布不均，性质多变，开采介质包括纯煤、煤岩、包裹体和夹石层，因此具有很强的适用性。

1.2.2.1 连续采煤机的发展概况

连续采煤机(见图 1-2)普遍应用于美国、德国和英国等国家的短壁开采工艺,其发展经历了以下 3 个阶段:第 1 阶段为 20 世纪 40 年代的截链式连续采煤机,分别以 3JCM、CM28H 型为代表,结构设计复杂、装煤效果差。第 2 阶段为 20 世纪 50 年代的摆动式截割头连续采煤机,以 8CM 型为代表,其生产能力显著提高、装煤效果好,但可靠性问题较为突出。第 3 阶段为 20 世纪 60 年代至今的滚筒式连续采煤机,以 10CM、11CM 系列的连续采煤机为代表,后续又研发了 12CM 和 14CM 系列的连续采煤机。

图 1-2　连续采煤机

连续采煤机在我国高产高效矿井也已广泛应用,主要集中在神东、陕煤等大型煤炭基地。最初我国的连续采煤机几乎全部依赖进口,2007 年 11 月,中国北车股份有限公司永济电机实业管理有限公司首次研制出 3 种国产化矿用隔爆型水冷电机,实现了连续采煤机滚筒截割电机的替代。近年来,石家庄煤矿机械有限责任公司研发了 ML300/492 型连续采煤机、三一重型装备有限公司研发了 ML340、ML360 型连续采煤机、煤炭科学研究总院太原研究院研发了 EML340 型连续采煤机,但因可靠性、稳定性等多方面的原因,国产连续采煤机未能广泛推广应用。

采用远程遥控操作是连续采煤机的基本配置,并广泛采用自适应截割技术,根据不同工况自动调整推进速度。因此,加强与成套设备间的协同控制和智能安全防护功能,是连续采煤机快掘装备的发展方向。

2005 年,上湾煤矿采用"Y12CM15-10DVG 型连续采煤机＋LAD818 运煤车＋ARO 四臂锚杆机＋UN-488 型铲车"对工作面巷道进行掘进,创造了大断面巷道双巷掘进月进尺 3 070 m 记录。

2009 年,大柳塔煤矿 12613 运输巷采用"连续采煤机掘进＋梭车运输＋四臂锚杆机支护＋锚索机"配套模式,掘进速度达到 16.5 m/d,掘进巷道的工程质量合格率达到 89%,并能有效减少了冒顶事故,为综采工作面接续创造了条件。

2012 年,乌兰木伦煤矿 61401 和 61402 运输巷采用连续采煤机-梭车工艺系统,将工作面最大控顶距由 12.5 m 提高到 13.5 m,循环进尺由 11 m 提高到 12 m,月单进可达到 2 000 m 以上。

2014 年,补连塔煤矿开切眼选择连续采煤机、梭车、锚杆机、连运一号车作为掘进系统,采用二次成巷技术及"控水＋顶帮联合支护＋释压＋混凝土底板"的方式治理底鼓,解决了复杂条件下大断面开切眼的支护难题。此外,石圪台煤矿和大柳塔煤矿,对大断面煤巷一次成巷快速掘进的巷道锚杆、锚索支护参数进行了优化设计,实现了大断面煤巷月进尺 1 800 m、单日进尺 80.3 m。

2015 年,金鸡滩煤矿采用连续采煤机成套装备进行掘进,包括国产 EML340 型连续采煤机、CMM4-25 型锚杆钻机、SC15/182 型梭车、GP460 型破碎转载机、CLX3 型防爆胶轮铲车,通过对梭车卷缆滚筒转动速度等进行优化,实现了月进尺 1 811 m。隆德煤矿采用连续采煤机配合 10SC32-48B-5 型梭车及 CMM4-20 型锚杆机,采用 3 条巷道同时掘进,降低支护作业影响时间,正常情况下 3 条巷道同时掘进日进尺约 40 m,月进尺约 1 200 m。

1.2.2.2　连续采煤机的工作原理

连续采煤机由截割部、装煤部、运煤部和行走部以及液压系统、电气系统等组成。

该类采煤机采用横轴式滚筒截割机构,由安装在截割臂中的左右 2 台交流电机通过各自的扭矩限制器和齿轮减速箱驱动左右滚筒旋转落煤。截割滚筒的升降由液压缸控制。装煤部由蟹爪式装载臂和铲煤板组成。左右蟹爪臂分别由两台交流电机经减速器驱动。左右减速器还共同传动底轴,带动刮板输送机运转。装载臂将滚筒割下的煤推到运煤部的输送机上。

运煤部是靠刮板输送机运送煤炭。输送机的刮板链由左、右侧收集头连接轴上的链轮驱动,将切割下的煤运到尾部,再转载到后部输送设备上。刮板输送机由带扇形口的固定部分与摆动部分组成。摆动部分能向两侧各摆动45°,以适应卸载点位置的变化,固定部分支承着摆动部分,并能适应其摆动。

行走部分别由 2 台直流电动机驱动左右履带链。整个履带驱动装置位于履带架内,履带架为密封式,每个行走驱动装置可单独操作,使采煤机能够前进、后退、转弯或原地旋转。直流电动机的电源由可控硅整流器提供,它可实现无级调速,而且调速性能良好。液压系统是由双齿轮泵和多组液压缸组成的开式系统,采用多路阀组控制和操作。

1.2.2.3 连续采煤机掘进施工工艺

连续采煤机采煤工艺系统按运煤方式的不同分为 2 种:① 连续采煤机→梭车转载破碎机→带式输送机工艺系统;②连续采煤机→桥式转载机→万向接长机→带式输送机工艺系统。前者是间断运输工艺系统,后者是连续运输工艺系统。由于前者主要适用于中厚煤层,而后者主要适用于薄煤层,故采用连续采煤—梭车系统。工作面设备配置为连续采煤机、运煤车或梭车、破碎机、锚杆钻车、铲车及带式输送机。铲车主要是用来清理底板浮煤,扫清道路,保障连续采煤机、梭车和锚杆机畅通无阻,也可作为盘区内的运料车。

(1)开切口

连续采煤机主要功能是落煤和装煤。在每次掘进巷道前,将采煤机调整到巷道前进方向的左侧,并以激光线确定位置,开始向正前方煤壁逐步切割,直至切入合适的深度(一个循环),这一工序称为开切口工序。

(2)采垛

完成开切口,调整连续采煤机到巷道右侧,用帮部激光线定位,开始截割巷道宽度的剩余部分,这一工序称为采垛工序。

(3)截割循环

无论是开切口还是采垛工序,当连续采煤机截割时,首先将采煤机截割头调整至巷道顶板,即升刀;扫去上一刀预留的 200 mm 左右煤皮,即扫顶;将截割头降低 200 mm 左右向前切入煤体 1 m,即进刀;调整截割头向下截割煤体,直至巷道底板,即割煤;割完底煤,使巷道底板平整,并装完余煤,即挖底;将煤机截割头调整在巷道顶板接着进行下一个循环。采煤机完成从顶板至底板再到顶板这一过程就称一个截割循环。每一个截割循环工作面向前推进约1 m。这种截割循环反复进行,直到掘完一个循环,连续采煤机再移到另一条巷道掘进。

（4）连续采煤机实现自行装煤

利用连续采煤机的装载机构、运输机构来完成装煤工序。连续采煤机上设有装载机构(装煤铲板和圆盘耙杆装载机构)和中部输送机。连续采煤机割煤时,煤会落在装煤铲板上,同时圆盘耙杆连续运转,将煤装入中部输送机,输送机再将煤装入后面等待的梭车。工作面运煤由梭车来完成。梭车往返于连续采煤机和给料破碎机之间,将煤机割下的煤运至给料破碎机,再由工作面运输巷的带式输送机将煤运出掘进工作面。

（5）支护

锚杆机在连续采煤机掘进后形成空顶区内进行支护,支护从外向里逐排进行支护。在支护刚掘进完的巷道之前,装载机清理完空顶以外巷道浮煤后,锚杆机进行支护。

1.2.3　采用掘锚机快速掘进的工艺

掘锚机是一种基于连续采煤机和悬臂式掘进机开发出的新型掘进装备,集成了连续采煤机和锚杆钻机的特征,既可以挖煤装运,又可以进行锚杆支护施工,即掘锚一体化,主要用于煤巷高效掘进作业。

1.2.3.1　掘锚机的发展概况

掘锚机技术的发展历程主要分为 3 个阶段:

（1）1955 年,第一代掘锚机组在 ICM-2B 型连续采煤机基础上加装了 2 台锚杆钻机,掘、锚工序不能同时作业。

（2）1988 年,在 12CM20 掘锚机基础上,将截割滚筒加宽到使滚筒两端能够伸缩便于机组进退,并在机身的滚筒后安装了 2 台帮锚杆钻机和 4 台顶板锚杆钻机,6 台锚杆钻机能有效地提高了巷道锚杆支护速度,但仍无法实现掘锚平行作业。

（3）20 世纪 90 年代至今,开发了 ABM20 型掘锚机。该机型的主副机架可以滑动,从而实现掘锚平行作业,同期 12SCM30、2048HP/MD、E230、MB650 和 MB670 等机型也成功研制应用。其中 MB670-1 是在继承原有产品传统优势的基础上升级的一代产品,集掘进、锚护为一体,实现了截割、装载、支护同步平行作业,一次成巷。

掘锚机的国产化工作始于 2003 年,中国煤炭科工集团有限公司完成了 MLE250/500 型掘锚机样机的试制及初步试验工作。近年来,中国煤炭科工集团太原研究院有限公司研制出了 JM340 型掘锚机,具有大功率的宽截割滚筒、独特的喷雾系统和较低的接地比压等特点,能够实现割煤和打锚杆的平行作业,已在阳泉煤业集团有限责任公司二矿成功使用。山东天河科技股份有限公司研发了天河 EBZ 系列掘锚机,适用于大断面、半煤岩巷以及岩巷的掘进,钻锚作业时工人始终处于临时支护下方的作业平台上作业,大大降低了发生冒顶、片帮等安全事故的发生。辽宁通用重型机械股份有限公司研制的 KSZ-2800 型掘锚神盾掘进机借鉴了盾构技术,集机、光、电、气、液、传感、信息技术于一体,具有自动化程度高、高效、安全、环保、经济等优点。中国铁建重工集团股份有限公司研发了 JM4200 系列煤矿巷道掘锚机,集快速掘进、护盾防护、超前专案与疏放、同步锚护、智能导向、封闭除尘、智能检测、故障诊断等功能于一体,实现巷道快速同步掘锚支护。

目前,国内外已有 10 多家厂商正在开展掘锚机组的研制工作,已开发出 30 余种机型。应用实践证明,达到良好的掘锚一体化效果必须与使用条件紧密结合,因地制宜地开展研究工作。

2005 年,补连塔煤矿采用 12CM15-15DDVG 型掘锚机,后配套 LY2000/980-10C 连续运输系统,利用激光指向仪对巷道进行掘进和调直,实现了平均月掘进 800 m 的单巷掘进水平。

2014 年,大柳塔煤矿采用掘锚机、十臂跨骑式锚杆钻车、自适应带式转载机、迈步式自移机尾、履带式自移机尾、两臂式锚杆钻车的配套方式,进行掘进工艺的优化,解决了新系统锚杆钻车前端空顶、运输系统堵塞、通风除尘效果差等问题,大大减少了移动设备数量,提高了作业区域的安全水平,并显著提高了单巷掘进效率,实现了月最高进尺 1 500 m,日最高进尺 68 m。

2018 年,补连塔煤矿采用 2 台掘锚机双巷平行掘进模式,解决了 1 台掘锚机单巷掘进带来的双巷接续困难等问题,2 台掘锚机共用 1 部带式输送机进行双巷平行掘进,实现了生产进尺的最大化和作业人员的最少化,每月可完成进尺 1 080 m 以上。掘锚机快速掘进系统设备布置如图 1-3 所示。

1.2.3.2 掘锚机的工作原理

自移式支锚联合机组(见图 1-4)主要由掘进机、超前支架、支架搬运车、锚固装置、转载机、带式输送机组成。临时支护机安装于截割部上部,锚杆机工作前,支护机先对顶板进行临时支护,使得锚杆机工作时安全性大大提高。锚杆机利用截割部的升降、摆动及锚杆机自身功能,完成巷道锚杆的锚装工

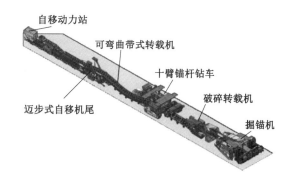

图 1-3　掘锚机快速掘进系统设备布置

作。掘锚机具有前后伸缩、垂直水平调整、自身旋转等功能。掘进机工作时，锚杆机收缩折叠，最大限度地缩小锚杆机的空间尺寸。工作时临时支护机对顶板进行及时有力的支撑，掘进机每次进尺可以增加，顶板最大空顶距也可以增大，最重要的是锚杆与支护操作的安全性得到了可靠保障。

图 1-4　自移式支锚联合机组

1.2.3.3　掘锚机施工工艺

掘锚机施工工艺流程：交接班→安全检查（探头位置、工程质量、瓦斯、两帮、顶底板等）→切割（出煤）→安全检查（探头位置、工程质量、瓦斯、两帮、顶底板等）→顶板、帮部永久支护→修整底板→进入下一循环。

第 2 章　智能快掘工法内涵及特点

2.1　智能快掘工法内涵

智能快掘工法内涵可以高度凝练和科学概括为：① 以人机协同、掘支配合智能化信息化装备为硬件的快掘；② 以减量提质、强帮护顶高强度高刚度围岩控制技术为理念的快掘；③ 以空间交叉、掘支平行高匹配高融合精细卓越管理体系为抓手的快掘；④ 以实时实地、由表及里全方位高质量监测系统架构为保障的快掘。

以下从新装备、新理念、新工艺、高保障等方面详细介绍智能快掘工法的内涵。

2.1.1　新装备

智能掘锚成套装备不仅要实现掘锚平行作业，还要实现截割、装载、临时支护、锚杆支护等工序的平行作业。

智能快掘技术采用掘锚分离、平行作业、连续运输的理念，通过临时支护系统和自动化锚杆作业系统能够及时主动支护暴露的顶板和两帮。掘锚机自动截割功能开启时开始运行。掘锚机位置信息被反馈且其满足要求后，开启运输系统。运输系统动作后，通过检测运输系统运行反馈的信号，胶带连续机、锚杆台车刮板机、掘锚一体机刮板机、装载装置依次启动。这就实现了掘进、支护和运输的一体化连续作业，大大提高了掘进作业效率。

2.1.2　新理念

主要是围绕大断面煤巷快速掘进技术,优化支护参数,提高支护效能。基于巷道顶板深梁形成机制与顶板安全机理,揭示预应力深梁结构力学特性及自稳机理,实现低锚杆数量条件下顶板的变形控制与安全保障,从而达到符合以减量提质为基本特征的锚杆支护优化。

2.1.3　新工艺

掘锚一体化工艺流程是面向空间的作业流程。在掘进机掘进的同时利用后方多组自动化锚杆钻臂实现多排多臂分段平行钻眼作业,实现"掘锚同步、平行作业。"掘进工作面采用一体化树脂锚杆对围岩进行支护。利用超前支护系统稳定支撑巷道迎头顶板,由掘进机机载锚杆钻机打设巷道顶部两侧 4 根锚杆,以及两帮上面各 2 根锚杆;后方锚杆台车行走至该位置时完成剩余锚杆作业,以形成"空间交叉、快速推进"智能化快掘作业线。

2.1.4　高保障

开发出中央智能化集控平台,实现掘锚一体机、锚杆钻车、连续胶带机运输系统、电气联锁、高度协同控制、故障诊断和实时全流程闭环控制、可视化监控等功能,为成套装备可靠运行提供技术保障;同时以工程质量中的巷道成形、支护质量、围岩应力为着力点,利用质量监测手段,构建出一套从巷道开挖到竣工的工程质量验收标准,营造出安全友好的作业环境。

2.2　智能快掘工法适用条件

经过实践检验,智能快掘工法不仅适用于煤巷顶、底板较稳定的中厚近水平煤层条件下的大断面单巷掘进,同时也适用于煤巷围岩破碎、矿压显现剧烈、含夹矸煤层等复杂开采条件下的大断面掘进。智能快掘工法可以在顶板暴露后及时安装锚杆,使锚杆支护质量大幅提高,使围岩支护效果显著改善。该工法具有很强的可行性和适用性。

2.3 智能快掘工法特点

2.3.1 安全体系健全可靠

（1）在"本质安全型装备"的基础上，打造"人少则安"的安全高效智能掘进作业线。

（2）空顶距小。单循环步距为 1 m。这有效减小了空顶范围，有利于顶板管理。

（3）工艺循环为两掘一探。采用超前钻探有效预防了矿井水害，保障掘进进工作面的施工安全。

2.3.2 掘进速度稳快兼备

（1）适应性强。该工法已应用于 122108 工作面主、辅、回风平巷及小保当 1 号矿井的 112203 工作面胶、辅平巷。其掘进效果显著。其中 122108 工作面回风平巷应力集中，巷道垮帮严重，但采用该工法时仍能顺利完成任务，且取得较好的掘进成绩。

（2）巷道掘进速度快。该工法已应用于 122108 工作面主、辅、回风平巷及小保当 1 号矿井的 112203 工作面胶、辅平巷。采用该工法时，单循环耗时为 15 min，单日进尺突破 91 m，单月进尺突破 2 020 m。

2.3.3 围岩即控系统优良

（1）及时、快速、可靠的临时支护和锚网支护可以有效减小顶板、两帮的早期变形，保证围岩稳定。

（2）通过建立"空间交叉、快速推进"协同支护平行作业体系，大大减少支护施工时间，为煤巷快速掘进提供有力的技术保障。

（3）支护材料轻质可靠。采用一体化树脂锚杆＋塑钢网进行支护，能够保证巷道支护强度。

2.3.4　作业环境低噪少尘

（1）作业人员可以在封闭式中央集控室进行远程操作，能有效地阻隔工作面机组作业产生的噪音侵害，同时实现了人员与粉尘零接触作业。

（2）工作面采用智能变频风机（见图 2-1）。该风机能够可自动调节工作面风量，保证工作面新鲜风流持续稳定补给。

图 2-1　智能变频风机

2.3.5　智化开发集成高效

与快掘设备机组匹配开发的智能集控系统（见图 2-2），能够实现在其系统内远程操控，能够完成机组定位导向、自动行走、一键启动、自动截割、自动支护、连续输送为一体的智能化作业线，能够形成高效率、相互配合、自动化生产的快速掘进作业方法。

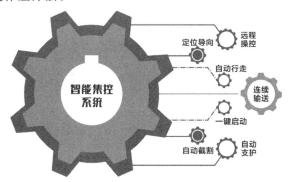

图 2-2　智能集控系统示意图

2.3.6 工程质量表里兼优

（1）该工艺能够可实现一次截割成巷，且巷道成形好，即顶平、帮平、底平、巷直、胶带直的"三平两直"。

（2）该工艺支护效果好。高预紧力高强度锚网索支护系统能够及时主动支护巷道围岩，保证巷道围岩安全稳定。

2.3.7 运输系统连续长控

运输系统具有以下四大特点（见图2-3）。

（1）带式输送机胶带能够实现6 000 m连续运输。

（2）带式输送机可控变频，能够为负载提供优越的控制性能。运输系统运输负载稳定可靠，保证生产连续性。

（3）带式输送机可实现多点控制。当发生紧急情况时，可立即制动带式输送机。

（4）带式输送机移动底盘通过电控控制，能够实现自动行走。

图2-3 运输系统特点

2.3.8 配套工程减量增效

（1）智能快掘设备可施工硐室、措施巷，提高掘进效率。

（2）采用该工法时，成巷周期短，进而作业周期也短。

（3）后配套工程量少，无须布置移变硐室及转载点等。

2.3.9　组织管理精细卓越

（1）在区队人才培养方面采用多方面、多节点、全工位的科学管理，能够达到精准质优的培养效果。

（2）采用该工法时，人员配置少，工人劳动强度低。

（3）采用该工法时，人机匹配度优。这改善了人员机组的受限空间，实现了人机和谐。

2.3.10　掘进系统本少效优

（1）采用该工法时，巷道支护与维护成本低，支护材料运输量与费用少。

（2）采用该工法时，工效高、成巷周期短、单进水平高。较传统工艺时，其工效提高了 2.5 倍。

第3章 智能快掘装备保障关键技术

3.1 煤巷掘进速度影响因素分析

煤巷掘进速度并非受单一因素控制,而是受多种因素共同影响。各个影响因素之间存在着微妙的、复杂的因果联系,又与煤巷掘进速度存在非线性的、动态的因果关系。因此,为弄清煤巷掘进速度缓慢的根本原因,必须将各个影响因素之间的因果关系分析透彻,才能有针对性地提出解决煤巷快速掘进瓶颈问题的思路。

3.1.1 自然条件子系统的关联影响

自然条件是巷道所处的原始条件。虽然在煤巷掘进施工中人为因素影响幅度相对较弱,但是影响巷道掘进速度的原始因素不容忽视。我国95%以上的煤矿均为井下作业。井下工作场地窄小,光线条件差,地质构造复杂,危险、有害因素较多,水、火、瓦斯、矿尘、冒顶等矿井灾害普遍存在。

（1）瓦斯

我国具有瓦斯爆炸危险的矿井普遍存在,其中约50%的煤矿为高瓦斯矿井。在国有的609个重点煤矿中,高瓦斯矿井占比为26.8%,瓦斯突出矿井占比为17.6%,低瓦斯矿井占比为55.6%。随着煤炭开采深度增加、瓦斯涌出量增大,高瓦斯和瓦斯突出矿井的比例还会增加,同时煤矿瓦斯事故的数量及等级也会增加,这易造成群死群伤事故。

（2）水文地质条件

我国煤矿的水文地质条件相当复杂。在国有重点煤矿中,水文地质条件复杂或极复杂的矿井占比为 27％,水文地质条件简单的矿井占比为 34％。在地方国有煤矿和乡镇煤矿中,水文地质条件复杂或极复杂的矿井占比为 8.5％。因此,巷道掘进应采取合理的防治措施以防止和减少地下水的危害,保障施工安全。

（3）热害

热害已成为煤矿采掘施工面临的新灾害。在国有重点煤矿中,许多矿井的采掘工作面温度超过 26 ℃,其中 30 多个矿井的采掘工作面温度超过 30 ℃。随着矿井采掘工作面不断向岩层深部发展,地热、压缩热、机械热等各种热源的影响愈发严重,越来越多的矿井会出现高温问题。但是人体对高温的接受能力是有限的。高温环境会使劳动者动作的准确性、协调性变差,会使劳动者的反应速度变低,会导致劳动者失误增加,从而降低施工的安全性。

（4）顶板条件

相对于其他主要产煤国而言,我国煤田地质构造相对复杂,并且顶板条件差异较大。多数大中型煤矿顶板属于Ⅱ类（局部不平）顶板、Ⅲ类（裂隙比较发育）顶板,而Ⅰ类（平整）顶板占比约为 11％,Ⅳ类、Ⅴ类（破碎、松软）顶板占比约为 5％。顶板管理质量关系到煤巷快掘的安全性。顶板条件对煤巷掘进速度来说是十分重要的影响因素。

（5）地质构造

在国有重点煤矿中,地质构造复杂或极其复杂的煤矿占比为 36％,地质构造简单的煤矿占比为 23％。据调查,大中型煤矿平均开采深度为 456 m,采深大于 600 m 的矿井煤炭产量占比为 28.5％;小煤矿平均采深为 196 m,采深超过 300 m 的矿井煤炭产量占比为 14.5％。煤巷工程构筑在地层中,地层中的断层、节理、裂隙等构造面从力学角度上看是弱面。因此,这些构造和岩石的性质对巷道掘进和支护的施工方法及安全有着极大的影响。

（6）煤层厚度

各地质因素对巷道掘进速度的影响是不同的。其中,煤层厚度是最主要的影响因素。如果煤厚不能满足巷道掘进条件,就无法实现快速掘进。因此,快速掘进工作面在布置前就要对煤层厚度的分布情况进行全面探查,防止因煤厚不足而影响巷道掘进速度。应尽量避开断层构造对巷道掘进的影响,并将掘进工作面布置在煤层倾角较小的区域。根据煤的软硬程度选择合适功率的掘进机械;根据煤层顶底板的岩性、含水性、透水性等情况选择合理的支护形式;当遇冲刷异常区域时,应及时改变掘进方式,防止掘进机械损坏。

3.1.2 截割子系统的关联影响

（1）截割速度

截割速度是煤巷快速掘进施工的一个重要指标。落煤块度对煤巷出煤速度的影响较大。煤块度越大,破碎机负荷越大。这容易导致设备发生故障,降低煤巷掘进开机率。因此,掘锚机截割效果对出煤效率的影响较大。

（2）掘进机性能

巷道掘进的主要装备是掘进机。其性能直接影响巷道掘进速度。掘进机的性能越高,破碎转载煤岩体的速度越快;掘进机的故障率越低,掘进机的有效开机时间越长。因此,掘进机既要具备良好的性能,又要具备较高的可靠性。但为了达到最佳的掘进效果,仅提高施工设备的性能和可靠性是不够的,还需要根据具体的地质条件选择合适的施工装备,并且对施工装备的功能、尺寸、质量等因素进行综合考虑。

为了提高截割速度,需要对与巷道煤岩地质条件及力学参数有关的掘进参数快速匹配技术、高精度及低滞后的电液联合控制技术、高效快速截割参数自适应控制技术进行研究。在保证人员安全、施工质量、设备稳定的前提下,通过自动调节滚筒推力、截割扭矩、贯入度等重要参数,以实现掘进设备最大效率施工。同步动态获取巷道煤岩的地质参数和施工设备的掘进参数,能够为大数据交互系统分析岩体、辅助决策、风险预警等提供数据支撑。

通过分析截齿布置的截齿螺旋线、截线间距、截齿排列规律、截割滚筒运动参数及煤体物理性质与理论生产率、截割比能耗、滚筒总截割负载转矩变差之间的关联规律,对截齿几何布置和截割滚筒运动参数进行优化,进而降低截割比能耗,降低截割滚筒转速,抑制截割粉尘的产生,提高排屑效率,改善截割滚筒总载荷波动性,提升整机作业稳定性,提升生产效率。

3.1.3 支护子系统的关联影响

支护是保障煤矿安全生产的重要因素。支护效能决定煤巷的安全性。同时,支护对煤巷快速掘进影响较大。支护对煤巷快速掘进的影响因素主要包括支护参数、支护器具、支护工艺等。

（1）支护参数

煤巷岩性、顶板情况、地压大小情况等共同决定了支护参数的选择。支护参数对煤巷的施工方法有着严重影响。它包括锚杆密度、锚索密度、锚杆索长度等参数,直接影响到煤巷支护速度的快慢。因此,支护参数的合理设计是巷道快速掘进的安全性前提。科学合理的锚杆支护设计可以在保证支护质量及安全前提下显著降低锚杆密度,减少锚杆施工占用时间。除此之外,在巷道掘进过程中,需要对围岩稳定性进行监测。其包括监测巷道围岩变形、顶板离层、锚杆受力等参数。相关监测结果可以用来判断巷道围岩的变形破坏及支护情况,以便及时采取必要的技术措施,并反馈于施工决策过程,修正和优化掘进工艺和支护参数,尽量减少或避免二次支护,从而提高煤巷的掘进速度。

（2）支护机具

支护机具主要是指锚杆、锚索钻眼机具等。支护机具的选择依据主要是指机具的钻眼速度、钻眼能力与岩性的匹配性。在岩石较硬的情况下,锚杆钻机的钻眼速度会受到很大限制。

（3）支护工艺

在巷道掘进过程中,锚杆支护是用时最长的一道工序,也是影响掘进速度的主要环节。如果锚杆支护不能做到掘、支平行作业,就会造成工人劳动强度大、工序时间长、掘进机开机率低、掘进速度慢。同时,工序衔接性不强也是造成工序延时的一个原因,同样会增加循环作业时间,影响掘进速度。

3.1.4　辅助子系统的关联影响

辅助子系统主要是指为生产服务的运输系统、通风系统、供排水系统、机电系统。

随着科学技术和自动化技术的不断发展,越来越多的大型掘锚一体设备在煤巷掘进中得到了广泛的应用。① 掘进巷道运输系统是煤巷掘进正常生产的保障。它需要与煤矿井下其他的运输系统和地面生产运输系统配合构成煤矿综合生产系统。因此,掘进运输系统的运输及调配能力对煤巷掘进速度有很大的制约。② 矿井通风是煤矿进行安全生产工作的基础,也是稀释和排除有害气体和粉尘最有效、最可靠的方法。做好矿井通风能够为井下煤矿生产工人创造良好劳动环境。因此,通风系统是保障煤巷快掘作业的重要系统。③ 排水系统是井下防治水灾的关键设备。排水系统的安全性直接影响井下生产的安全性和连续性。

3.1.5 组织管理子系统的关系影响

巷道掘进施工的组织管理因素主要包括管理机制、培训教育、人力资源管理、劳动组织管理、设备管理、班组管理等。

（1）管理机制

管理机制是通过完善的管理制度和健全的管理体系来影响管理决策的科学水平和传达效率。它的关联范围包括人力资源管理、劳动组织管理和设备管理等。煤巷掘进中的操作规程、安全管理规章制度等，都是用来约束工人安全生产行为的。安全岗位人员安排生产计划、生产班组编排方式、掘进设备维修及管理、通风系统设备管理等，都应有严格的管理制度来约束。只有这样才能保障煤巷快掘作业的运行。

（2）培训教育

培训教育是施工组织管理的重要组成部分。煤巷掘进技术培训、新装备学习培训是提高掘进施工工人整体素质的最直接途径，同样有利于加强工人作业管理、规范工人操作行为。

（3）人力资源管理

煤矿从业人员整体素质较低，专业技术人才匮乏严重。相关煤炭管理部门曾对六省八个大型煤炭企业的 56.3 万名职工做过学历调查。其调查结果显示：初中及小学文化程度的煤矿从业人员人数占职工总数的比例超过 50%，而专业技术人员人数仅占职工总数的 16.3%。因此，煤矿职工队伍素质低、技术人员缺乏已成为制约煤炭工业快速发展的瓶颈。

（4）劳动组织管理

劳动组织管理在煤巷快速掘进作业中非常重要。劳动组织是根据施工条件和任务的具体要求而制定的。在劳动组织的形式和工种人数上应重点考虑，确保各工种的工时充分利用、责任落实到人、明确分工、各工序之间紧密衔接。严格落实工种岗位责任制，按质、按量、按时完成任务，改变传统的施工组织方式，实现多工序平行作业，能够提高施工速度和施工工效。同时，施工组织管理要辅以先进的技术手段和行政组织管理手段，以便更好地发挥劳动组织管理的作用。因此，施工组织要保证生产需要，严格按操作规程和循环图表作业，从而减少内部影响时间，最大限度保证快速施工。

（5）设备管理

设备管理是指在掘进生产中对各种装备设施的统筹、检测、维护、控制等。例如，掘进设备管理、掘进通风系统管理、瓦斯监测系统管理等都属于设备管理。掘进设备是煤巷掘进的重要依靠设备。只有在日常的使用过程中，对掘进机械设备勤加维护，才能提高掘进机械设备的可靠性，才能使得掘进工作顺利进行。

掘进机的可靠性与寿命制约着巷道掘进速度。目前普遍采用的风动锚杆钻机的机械化程度低，劳动强度大，在空顶区作业时安全性差且速度慢。若掘进工作面采用的锚杆机具落后，无可靠装置进行锚杆定位，则会导致大量锚杆施工质量不符合设计规定。这不仅会给安全生产带来隐患，而且会影响煤巷掘进速度。掘进机的元部件可靠性低会导致掘进设备故障，影响掘进效率。胶带输送机老化、跑偏及输送速度慢会影响掘进速度。钻具扭矩和推力不足会导致锚杆施工时间长，进而影响掘进速度。

（6）班组管理

在煤炭企业中，班组是发挥正常生产力的基本单位，也是安全生产的主力军。但班组人员在体力、能力等诸多方面的不平衡严重制约了班组管理的规范化，极易出现"一头重、一头轻"的现象。班组人员的素质决定了能力的发挥，影响班组管理的质量。采掘班组职工的文化水平、思想状况、业务能力、技术水平等方面存在差异，其总体素质较低。这增加了管理的难度，制约着班组管理水平的提高。因此，必须培育、增强员工素质，推进班组管理的规范化。采掘班组"麻雀虽小，但五脏俱全"，需要多工种和岗位的共同配合。但是采掘班组人员工作的内容有轻重繁简之分，往往工作能力强、操作经验多的人员需要担负更多的任务，而其他相对较差的职工只能有打杂的份。推行"个人班组"双重考核制，先进行个人定额考核，后进行整个班组的实际考核。推行个人任务与班组效率双重考核约束激励机制，使"小而全"的班组成员利益捆绑在一起，凝聚团队意识，提高劳动效率，使得班组的整体效能得以充分发挥。同样，班组之间具有相对具有独立性，在任务、管理、考核、人数等方面也不尽相同，但大局观念和竞争意识必须并存，班组之间的紧密配合要与管理机制相配套和统一。

3.2 掘锚机组快速掘进保障关键技术分析

3.2.1 电机综合保护控制系统适应性优化

掘锚机一般采用电液驱动方式。电机驱动液压泵、阀、马达等液压设备工作，以拖动整个掘锚机作业。作为整机动力源的电机一旦出现问题，整机就会停止工作。在井下作业时，工人从事维修设备工作十分困难。因此，电机保护是电机综合保护控制系统适应性优化的重点问题。

采集和分析电机温度、工作电流、接地电阻的数据，设定工作和控制模式控制电机启停，实现有效的电机过热保护、接地保护、漏电保护。其中需要重点解决电机综合保护控制系统在不同环境温度下热过载特性漂移、在变化负载下保护动作特性严重不稳等问题。根据电机温度与工作电流、工作时间建立保护模型，建立接地故障的判定模型，设计系统数据接口，以实现电机的过热反时限保护和在线漏电检测保护。实时在线检测电压断相、缺相和电流过载超出等故障，防止电机的过载，减少电机故障停机率，提高掘锚机工作的可靠性。

（1）工作参数在线测量

按照相关设计要求，过载保护采用三段式保护，兼有断相、过欠压、接地等保护。过载保护具有动作特性准确、可靠等优点。设计时，除设置三相电流的实时在线测量外，增加 PTC 热敏电阻以在线测量电机线圈内部的温度，增加启动前测量电机温度的绝缘电阻，以实现电机过流保护和接地故障保护等功能。

（2）反时限保护

在电机实际运行中，当掘进突然遇到硬岩且正处于高速切割时，电机会超负荷运行。这需要控制系统按当前工作电流的过载百分比对电机按二次方负曲线变时长延时保护。其原因是过载电流越大，热量累积速度越快，电机线圈内部温度上升就越快，电机需要停止运行的保护动作延时时间就越短。反之，电机需要停止运行的保护动作延时时间就越长。这种方法称为反时限保护。

在煤矿环境下,掘锚机在实际掘进过程中,其可靠性必须放在首位。掘锚机的高效率必须建立在高可靠性的基础上。因此,在掘锚机硬件设计上需要进行大量细致的选型。尤其是,智能断路器应选用误动作产生概率少的产品。通过实时测量切割电机的三相电流,来计算电机实时工作电流。在按下启动按钮并延时启动电机完成后,开始计时工作时间,通过内部专用积分模块得到标定温度 K 和延迟时间 t 的值。实时测量电机线圈内置 PTC 热敏电阻的阻值,经标定后得到电机线圈内部实时温度 T。通过比较实测温度 T 与标定温度 K,判断电流过载百分比及保护动作的延时时长。电机过载、短路延时时长的确定标准,按如图 3-1 所示的多功能掘锚机电机电流保护曲线来判定。

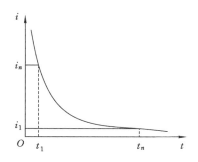

图 3-1 多功能掘锚机电机电流保护曲线

（3）接地故障判定

电机绕组的绝缘性能下降、电机受潮等,会导致电机发生接地故障。三相异步交流电动机一般采用三相三线制供电方式,不接中性线。在正常运行时,电机的三相电流对称,即 $I_a + I_b + I_c = 0$。一旦出现接地故障,零序电流将出现在相电流中,即 $I_a + I_b + I_c \neq 0$。此时,电机三相电流失衡,电机线圈将因故障电流和负序电流产生热量,导致线圈内部温度急剧上升而发生超温损坏。同时,三相电流的严重失衡将会导致旋转磁场发生畸变,从而引起电机的强烈振动,严重时会导致电机外壳发生变形甚至损坏。尤为重要的是,因现场工作中不方便判别电动机是否发生接地故障,而无法保证现场维保人员的人身安全。所以,为了实现电机的安全运行和保证操作人员的人身安全,就必须对电机接地电阻进行开机前的在线检测并加以控制保护。

接地故障的保护模式分为以下三个步骤：

步骤一，测量接地电阻。接地电阻的在线测量采取在启动前先测量，合格后再启动电机的方法。

步骤二，判定标准。按照煤安标准要求，当接地电阻≥0.5MΩ时，电机允许启动。

步骤三，程序实现。采用测量数据比较，当测量值≥设定值时，切断继电器输出，断开供电线路，通过总线向显示屏发送故障信息。

（4）电机启停保护

多功能防爆型掘锚机属于大型煤矿开采设备。整套系统动力均来自电动机。因此，设计一套可靠的电动机启停保护系统尤为重要。考虑到多功能防爆型掘锚机自身工作参数及井下状况，设计如下电动机启停保护模式。

① 电机启动

考虑到需要保证多功能防爆型掘锚机的正常启动，同时降低对供电变压器的冲击，采取分步顺序启动方式进行电动机的启动。按顺序启动主机主油泵电机、刮板输送机电机、截割电机、水泵电机。按顺序启动时，为增强系统抗干扰能力，采用锁定解锁方式启动：主油泵电机启动完成后锁定，间隔5 s，在启动刮板电机；主油泵电机启动完成前，刮板电机是不能启动的。

② 电机停止

因多功能防爆型掘锚机属于大型煤矿开采设备，电机正常停止时不能采用直接停止的方式。考虑正在作业的因素，需要将设备上已经开采下来的煤运送出来。因此电机停止的顺序为：先停截割电机，然后停水泵电机；等到截割下的煤已运送完成后，再停刮板输送机电机；最后停主油泵电机。电机停止时同样采用锁定解锁方式。

3.2.2　根据煤岩硬度的截割速度自适应优化

截割电机工作时会遇到各种各样的煤岩。对于松软的煤岩，无需复杂的控制即可完成截割工作。对于较硬的煤岩，当控制反应不及时，轻则截割刀头损伤严重，重则截割电机严重烧毁。无论发生哪种状况，设备均有所损伤。因此，需要针对较硬的煤岩截割设计截割控制机制，以保证截割电机正常工作。针对掘锚机截割电机截割硬岩时电机的负载特性，设计应用闭环控制模式，以实现自动调节截割电机电流，从而调节截割电机功率及截割速度，提高工作效率,降低设备损伤概率。

在截割过程中,当控制器检测到截割电流比较小时,控制系统会自动增大电液比例阀工作电流,增大电液比例阀的开度,增加掘锚机大臂下摆速度。掘锚机大臂下摆速度增加时,截割头所受阻力增大,电机负载也随着增加,截割电机电流逐渐增大到满额电流,截割电机保持高效工作。若控制器检测到截割电流大于额定工作电流,则控制系统会自动减小电液比例阀工作电流,减小比例阀的开度,从而降低掘锚机大臂下摆速度。掘锚机大臂下摆速度降低,截割头所受阻力减小,截割电机负载也随着降低,截割电机电流逐渐减小达到新的稳定值(其最多减到电机空载电流)。在掘锚机进行截割时,按照一定的截割速度流程(见图 3-2)使得掘锚机在工作过程中,掘锚机系统可以保持动态平衡,基本上实现截割电机恒功率工作。当需要掘锚机进行不规则形状截割时,需要关闭此调节功能,进行人为截割控制。

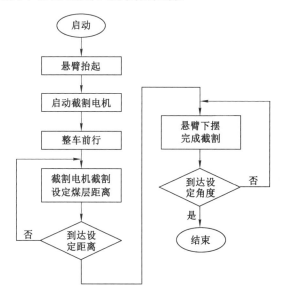

图 3-2　截割速度控制流程图

3.2.3　锚护系统智能化

随着煤炭资源的需求不断增加及锚杆支护技术的广泛应用,煤矿生产效率以及巷道成型速度的要求也在不断提升。巷道的掘进速度、作业效率已满足需求。影响巷道成型的主要因素包括：① 煤矿巷道掘进和支护平行作业的难题；② 锚网支护效率低的难题。因此，新型煤矿井下掘进支护设备对煤矿事业的发展有着至关重要的作用。国内掘锚一体机按集成方式可分为跨骑式顶部集成、直接顶部集成、整体截割部顶部集成、分体截割部顶部集成等类型。它减少了掘进机与支护钻机循环换位作业的时间，但是掘进与支护作业仍需交替作业，无法实现平行作业。在进行支护布网作业时，需要施工人员站在空顶下的碎煤堆上将网顶到煤壁支护位置上，或者人工将支护网搬运到顶网装置上再顶到煤壁支护位置上。如此施工，人员的安全得不到保证，同时也加大了工人的劳动强度。

目前，掘进巷道支护过程大部分实现了机械化。在进行支护作业时，可调整工作平台达到合适高度，通过人工将支护网放置在顶网装置上，然后进行锚固作业，最终完成一次支护作业。由于作业平台移动，掘进机需要后退并停止作业，所以不能实现采掘和支护平行作业。铺网作业未实现机械化。这增加了工人的劳动强度，同时降低了支护效率。

曹家滩煤矿122108主运平巷掘进施工将锚杆钻臂由"4顶＋2帮"优化为"2顶＋2帮"，将快掘装备的机械化锚杆（索）支护改造为电液自动控制式的自动化锚杆（索）作业（见图3-3、图3-4），还增加了顶帮自动铺网装置（见图3-5）。该锚护系统实现整个锚杆作业工序（钻孔→装药→上锚杆→紧固锚杆→锚杆供给）自动化，提高锚杆支护的速度和效率，并逐步减少人员的参与，最终实现锚杆支护无人化，为整个掘进系统的智能化打下基础。

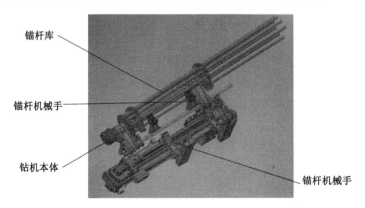

图 3-3 自动钻锚系统示意图

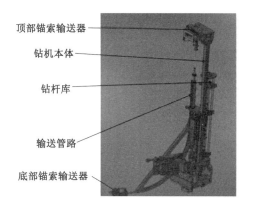

顶部锚索输送器

钻机本体

钻杆库

输送管路

底部锚索输送器

图 3-4 锚索提升装置示意图

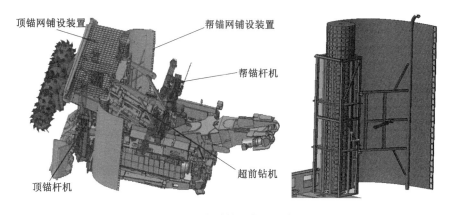

顶锚网铺设装置

帮锚网铺设装置

帮锚杆机

超前钻机

顶锚杆机

图 3-5 自动铺网装置示意图

自动铺网通过掘锚一体机前方的顶锚网铺设装置和侧边的帮锚网铺设装置完成。自动铺网装置使得掘进、铺网、锚固三种工序互不干扰,掘进机不再需要后退为工人预留抬网和顶网的工作空间,提前巷道顶板支护时间,保障了施工人员的作业安全并减小了施工人员的劳动强度。

3.2.4 超长距自移式连续运输机

大跨距桥式转载胶带输送机被改造为变频胶带输送机。它的机尾通过电控控制移动底盘实现自动行走,并在行走过程中能够进行防碰撞检测控制。履带组件通过张紧油缸进行自适应调整。当机尾落煤点支架中心偏离连续胶带输送机中心一定距离时,行程传感器会反馈信号至控制器,控制器发出动作信号给电磁阀组,油缸会进行相应动作,从而进行胶带自动纠偏调节,最终使胶带支架中心与设计中心线重合。

3.2.5 记忆式自适应截割系统

测试自适应截割系统能够实现工序自规划。该系统通过多传感器实时监测截割的位置及当前状态,控制截割头顺利完成升刀、进刀、下割、拉底、升刀等截割步骤。

该系统能够实现进刀自适应。截割头在截割过程中实时检测当前功率,反馈当前的煤岩情况至计算机,计算出当前的最佳进刀速度,通过比例阀控制截割大臂动作以达到截割效率的最大化。图 3-6 为自动控制框图。

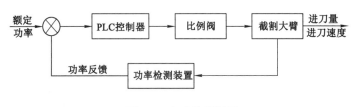

图 3-6 自动控制框图

3.2.6 多机协同可视化远程操控系统

多机协同可视化远程操控系统可以完成快速掘进成套智能装备各子系统的联合动作,减少掘进面操作人员数量,实现连续、快速、稳定、安全的巷道智能化掘锚运作业。掘锚机和锚护设备协同作业可以实现掘锚平行、分段支护、连掘连运等功能。

3.2.7 隔绝式全覆盖立体除尘系统

将原负压除尘系统被改造为"泡沫除尘＋水雾对冲"系统,进行掘进工作面除尘。泡沫除尘喷射系统产生大量气、液两相泡沫。泡沫经喷头喷射至工作面,形成无间隙的泡沫覆盖层。如图 3-7 所示,泡沫除尘喷射立体除尘系统利用其特性控制粉尘扩散,在源头上解决粉尘问题。该系统覆盖性能好,泡沫黏性大,能够形成有效保护层,直接作用在尘源位置,除尘率提高至 95%。

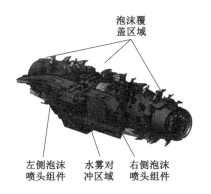

图 3-7　泡沫除尘喷射立体除尘系统示意图

3.2.8　机身姿态自纠系统

机身姿态自纠系统是在机身外轮廓布设测距雷达,根据掘锚一体机实际掘进成型的巷道进行相对定位,使用左右两侧布设的测距雷达测量机身距巷道两帮的距离,计算机身轴向姿态与位置,实现机身自动纠偏,如图 3-8 所示。

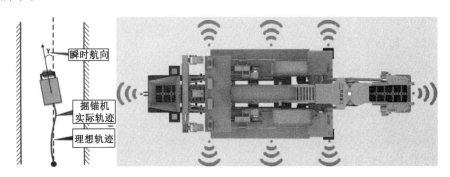

图 3-8　机身自纠与布设测距雷达示意图

3.2.9　动态感知安全防护系统

成套装备各个子系统均安装有安全防护传感器。这可以实时自动识别危险源。当某一子系统有人员或物体靠近时,该子系统立即报警停机但不影响其他子系统正常作业。安全智能诊断技术具备自动监测和出现故障时及时报警停机等功能,是掘锚机智能化的一个重要体现。

3.2.10　组合式精准定位系统

组合式精准定位系统是以巷道设计中线为基准进行精确定位,运用"雷达测距＋惯导＋里程计"的组合方案。传感器设备跟随掘锚一体机一起移动。传感器根据前方测距结果计算出车前距,根据两侧测距结果计算出位置和方向角偏差,以实际掘进成型巷道为基准,采用相对定位的方式,最终获得装备位置准确数据。组合式精准定位系统示意图如图 3-9 所示。

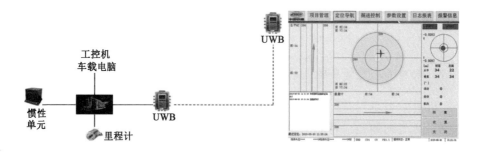

图 3-9　组合式精准定位系统示意图

3.2.11　超前钻探系统

小型褶曲、隐伏陷落柱等严重影响着巷道掘进期间设备的安全性。小型褶曲造成的煤层起伏变化对巷道掘进施工坡度的确定起着很大制约作用。陷落柱对采掘工作面布置、煤炭资源储量回收起着决定性影响。超前钻探施工能够探明煤层起伏变化情况、地质构造产状、赋水导水性等信息。利用超前钻探成果进行综合地质分析,准确发布地质、水情水害、瓦斯预测预报,为煤矿安全生产提供地质保障。超前钻探预测预报技术对提高预测预报的准确率和可靠性、防止灾害发生具有现实指导意义。掘锚一体机主机至少配备 1 台超前探放钻机(见图 3-10),实现前方 150°广角范围内超前探测、疏放,能够实现"有掘必探,先探后掘"。

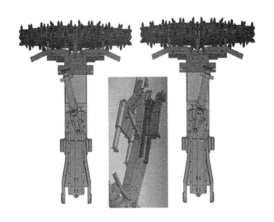

图 3-10　超前探放钻机

3.3　智能快掘成套装备介绍

智能快速掘锚成套装备(见图 3-11)在选型和设备配套时应遵循以下原则。

(1)掘锚一体机性能参数应符合巷道地质条件和掘进工艺。

(2)掘锚一体机必须与现有支护参数匹配。应在设备选型前对现有的支护参数进行优化,以支定掘,以掘调支。

图 3-11　智能快速掘锚成套装备

3.3.1 EJM270/2-2(B)型掘锚一体机

EJM270/2-2(B)型掘锚一体机(见图 3-12)适应于长壁开采工艺。该机快掘巷道断面面积为 27~29.25 m²。该机可经济切割单轴抗压强度小于等于 50 MPa 的煤岩。该机可掘巷道最大宽度(定位时)为 6.5 m,巷道最大高度为 4.5 m。该机掘进的巷道断面一次成形(矩形)。该机掘进适应巷道的坡度为 ±17°。该机主要特点包括:整机吨位大、掘锚同步、切割硬度高、截齿损耗小、机器稳定性好、操作方便、可靠性高等。该机可配备后配套锚护运输设备使用,能够实现截割面的及时支护和截割物料的连续运输,真正实现了掘锚同步,提高了施工效率。

该机主要由截割装置、物料转运装置、顶锚杆机总成、帮锚杆机总成、电气系统、液压系统、行走装置、水路系统、自动铺网装置等组成。

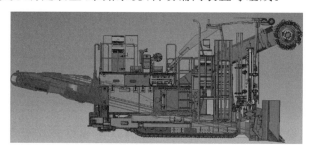

图 3-12　EJM270/2-2(B)型掘锚一体机

3.3.2 CMM6-30(A)型煤矿用液压锚杆钻车

CMM6-30(A)型煤矿用液压锚杆钻车(见图 3-13)主要用于掘进后的锚杆支护和截割物料的连续运输。该设备主要特点包括:整机吨位大、锚护覆盖范围大、机器稳定性好、操作方便、可靠性高等。该设备可以实现截割面的及时支护和截割物料的连续运输,真正实现掘锚同步,提高作业效率。

该设备主要由锚杆钻车底盘、锚杆钻车走台、二号刮板运输机、操作平台总成、顶锚杆机总成、锚杆钻车水路系统、锚杆钻车液压系统、锚杆钻车左帮锚杆机、锚杆钻车右帮锚杆机、锚杆钻车电气平台、锚杆钻车液压平台、锚索机、锚杆钻车电机泵组等组成。

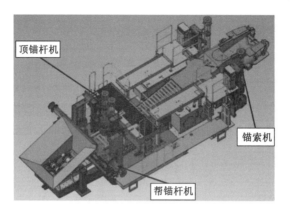

图 3-13　CMM6-30(A)型煤矿用液压锚杆钻车

3.3.3　DSJ100/140/4×315 型带式输送机

DSJ100/140/4×315 型带式输送机(见图 3-14)由自移机尾、驱动装置、储带仓、张紧装置、卸载装置、托辊、托辊架、中间架、输送带等组成。该机机尾通过电控控制移动底盘实现自动行走,并在行走过程中进行防碰撞检测控制。履带组件通过张紧油缸进行自适应调整。当机尾落煤点支架中心偏离连续胶带输送机中心一定距离时,行程传感器会反馈信号至控制器,控制器发出动作信号给电磁阀组,油缸会进行相应动作,从而进行胶带自动纠偏调节,最终使胶带支架中心与设计中心线重合。

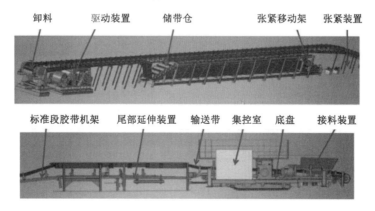

图 3-14　DSJ100/140/4×315 型带式输送机

3.3.4 辅助保障装备

（1）YTMP-2.5 型防爆柴油机滑模水泥混凝土摊铺机

在曹家滩煤矿，采用 YTMP-2.5 型防爆柴油机滑模水泥混凝土摊铺机（见图 3-15），配合 5～6 辆防爆罐车对后巷地坪进行施工。该机具有接料、分料、摊铺、振实、抹平等功能。该机动力采用防爆柴油机驱动底盘行驶，操作灵活。

图 3-15　YTMP-2.5 型防爆柴油机混凝土摊铺机

（2）WPZ-37/600 型煤矿用巷道修复机

WPZ-37/600 型煤矿用巷道修复机（见图 3-16）工作臂可以沿车身轴线旋转 360°，可以上下平移 350 mm，可以满足挖掘、侧掏、翻转、破岩、装车、起吊等各项动作要求。该机具有挖掘水沟、卧底、破岩、清理浮煤、清理胶带输送机底部、平整巷道及小型配件吊装等多种功能。

图 3-16　WPZ-37/600 型煤矿用巷道修复机

（3）变频式智能风机

变频控制是交流异步电动机理想的启动方式。煤矿用的变频式智能风机（见图 3-17）既具有软启动的特点，又可以在电机正常运行时调整频率。与其他启动方式相比，变频控制具有：保持电动机的硬机械特性，启动电流小而启动转矩大，对设备无冲击力矩等特点。变频式智能风机既不影响其他设备的运行，又有较理想的启动特性。

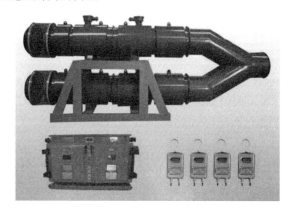

图 3-17　变频式智能风机

（4）全无线风水联自动洒水降尘系统

全无线风水联自动洒水降尘系统主要由本安型电控箱、无线热释电人体感应功能发射器、二流体喷头喷雾水幕等组成。电控箱采用内置电池供电。电池可以使用 10～15 个月。电控箱和发射器之间实现全无线通信。该系统具有微电脑定时功能，可以根据要求每日设定 20 个开关时间区间。在该系统喷雾期间，若监测作业范围内有工作人员经过，则停止喷雾；当工作人员离开监测作业范围后，该系统延迟一段时间后会自动继续喷雾。

第4章 智能快掘围岩控制关键技术

4.1 巷道围岩控制理论

巷道围岩控制的目的:① 保持围岩稳定,避免顶板垮落、巷帮片落,保证巷道安全;② 控制围岩变形,保证巷道断面满足生产要求。基于上述目的,目前主要形成以下五种巷道围岩控制理论。

4.1.1 控制围岩松动载荷理论

该理论将支护与围岩看成独立的两部分,在不考虑支护的条件下分析得出围岩破坏范围包括松动岩块、冒落拱、塑性区、破碎区、松动圈等,认为破坏范围内围岩的自重是需要支护控制的载荷,并以此进行支护参数设计。该理论认为:支护对围岩的破坏范围没有影响或影响很小,支护只是被动地承受围岩的松动载荷。

4.1.2 控制围岩变形理论

该理论将支护对巷道表面的作用简化为均布的压应力(锚杆也可简化为一对力,分别作用在巷道表面和围岩内部),采用弹塑性、黏弹塑性理论等,分析有支护时的围岩应力、位移及破坏范围,研究支护载荷与巷道表面位移的关系,得出支护压力－围岩位移曲线,进而确定合理的支护载荷、刚度及时间。如图 4-1 所示,$ABCDE$ 为围岩特性曲线,F、G 代表支架设置时的位移量,1、2、3、4 分别代表不同支护刚度、时间的支护线,显然 2 是比较合理的支护线。

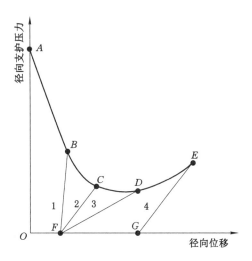

图 4-1　巷道支护压力-围岩位移曲线

4.1.3　在围岩中形成承载结构理论

该理论主要针对锚杆支护提出,将支护与围岩看成有机的整体,两者相互作用,共同承载。支护的作用主要是在围岩中形成一种结构(组合梁、加固拱、承载层等),充分发挥围岩的自承能力,实现以围岩支承围岩。

4.1.4　改善围岩力学性质理论

该理论主要针对锚杆支护与注浆加固提出。锚杆支护围岩强度强化理论认为,围岩中安装锚杆后可不同程度地提高其力学性能指标,改善围岩力学性质,尤其是对围岩的峰后力学特性有更明显的作用。注浆加固可以提高结构面的强度和刚度及围岩整体强度;还可以充填压密裂隙,降低围岩孔隙率,提高围岩强度;同时可以封闭水源、隔绝空气,减轻水、风化对围岩强度的劣化。

4.1.5　应力控制理论

巷道围岩变形与破坏是围岩应力与围岩强度、刚度相互作用的结果。如果能够降低围岩应力,那么将有效改善围岩应力状态,提高围岩的稳定性。这就是应力控制理论的基本原理。应力控制原理主要有 3 种形式:一是将巷道布置在应力降低区,从根本上减小围岩应力;二是将围岩浅部的高应力向围岩深部转移,保护浅部围岩的同时充分发挥深部围岩的承载能力;三是减小围岩应力梯度,尽量使围岩应力均匀化,避免局部高应力破坏围岩整体性。

4.2 空顶区顶板稳定控制理论

根据巷道掘进后顶板结构和支护状态,其可划分为不同的区域:迎头 C 形结构区、空顶区和支护区,如图 4-2 所示。迎头 C 形结构区由迎头岩体和靠近迎头的两帮共同组成。支护区为掘进工作面顶板已支护的区域。空顶区为支护区至迎头之间无支护的区域。

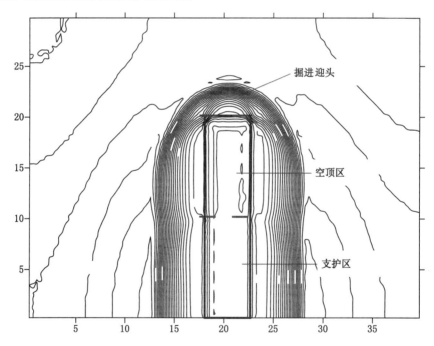

图 4-2　巷道迎头附近垂直应力分布等值线图

空顶区顶板由于处于无支护状态,且受岩体自重和掘进扰动影响,易破裂垮冒。迎头 C 形结构区由巷道岩体构成,其对空顶区前端起主要支承作用;支护区锚杆支护对空顶区后方顶板的稳定性起主控作用。因此,迎头 C 形结构区稳定和后方支护效果共同影响空顶区顶板的变形量,可称为"C＋"形结构,控制空顶区顶板的稳定性。若空顶区后方无支护,则支承空顶区的仅为迎头 C 形结构,支承范围有限,不足以保证空顶区顶板的稳定性,需要迎头 C 形结构与后方支护"＋"结构共同作用才能保证空顶区顶板安全。

4.2.1　巷道围岩应力分布演化规律

巷道开挖后使得表面围岩从三向围压状态变为二向应力状态,由岩体强度变为岩石强度,强度上限大幅降低,以至于不足以承载原岩应力,由此变形破裂,进入残余强度状态。其应承载的应力一部分通过变形释放,另一部分由周围岩体尤其是深部岩体帮其承载,就出现了三种应力-强度耦合情况。

（1）巷道表面围岩破碎弱化了对浅部围岩的空间约束作用,造成在巷道径向上的约束力不一致,形成变形趋向性。

（2）巷道表面围岩破碎,裂隙发育使得浅部围岩的应力状态变成介于三向围压和二向应力之间的状态,强度上限被降低,承载性能减弱。

（3）巷道表面围岩破碎致浅部围岩帮其承载,使得浅部围岩所承载的应力值增加。

三种情况共同作用的结果是,浅部围岩承载超过极限而屈服进入峰后状态,同时向巷道内位移。但由于浅部围岩处于伪三向围压状态,峰后残余强度要远高于单轴抗压试验所得的残余强度。浅部围岩至深部围岩渐次发生上述过程,但变形趋向性减弱,承载性能提高且表面及浅部应力承载能力转移,使得深部一定位置出现应力值与承载能力相等。再往深部看,由于弹性变形的牵引,应力调整的数值逐渐减小至原岩应力值。图 4-3 为巷道垂直应力分布曲线。

巷道施加锚杆支护后,被锚岩体的力学性质（如弹性模量 E、内聚力 C、内摩擦角 φ 等）的数值会出现显著的提高。与此同时,岩体的承载性能和抗变形能力大幅提升,被锚岩体内的高应力分布范围明显增加,岩体的变形量随之降低。巷道施加锚杆支护后,锚杆的轴向位移限制能力可以调动深部岩体的约束能力（位移和应力）,从而补充浅部岩体的约束能力,削弱自由岩体的变形倾向性。围岩承载能力的提高和位移倾向性的削弱使得岩体整体位移量减小,导致通过变形释放的应力比例减小,岩体整体应力状态提高。另外,浅部岩体以高承载能力使应力转移程度降低,相同位置岩体内支护状态时的应力

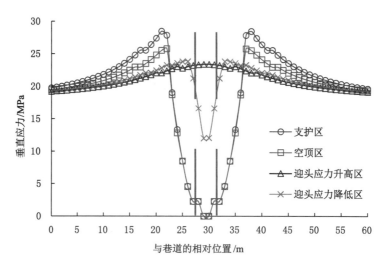

图 4-3　巷道垂直应力分布曲线

值相比无支护状态时的有一定幅度的增加,应力峰值的提高则尤为明显。

4.2.2　顶板垂直位移分布演化特征

巷道掘进后,迎头岩体与巷道两帮共同支承顶板空顶区,形成 C 形支承结构。后方顶板进行永久支护后,支护对顶板起到加强作用,但其加强效果远弱于原始岩体对顶板的支承作用。因此,迎头附近的区域可看作“C＋”形结构。两者有机结合共同控制顶板的稳定性。

图 4-4 为支护滞后迎头不同距离时巷道顶板轴向挠度分布曲线。随着支护滞后距离的增加,根据空顶区顶板受支承(支护)的对象及强度不同,空顶区顶板的垂直位移演化可划分为以下 3 个阶段。

(1)叠加支承阶段

它是指支护滞后迎头距离 0～2 m 阶段。此阶段,支护滞后距离迎头极近,由于支承强度的差异,迎头 C 形支护结构对顶板起主要控制作用,支护作用不明显。由于轴向上的支护强度逐渐减弱,轴向上的垂直位移分布呈单调递增的趋势。

(2)协同支承阶段

它是指支护滞后迎头距离 3～7 m 阶段。此阶段,支护虽滞后迎头一定距离,但仍处于迎头 C 形支护结构影响范围内,该位置时支护的强度大于 C

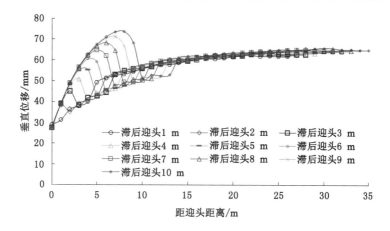

图 4-4　支护滞后迎头不同距离时巷道顶板轴向挠度分布曲线

形支护结构的支承强度。两者的支承强度不同,但影响效果互相叠加。受支护支承强度的影响,轴向上的垂直位移的分布呈现出阶段性的特征,即其分布曲线有一个极大值和一个最大值。该极大值位于空顶区内,该最大值出现在滞后支护的后方。其极大值小于最大值,即空顶区顶板弯曲下沉明显,但顶板弯曲下沉值小于滞后支护后方变形顶板的稳定下沉量。

（3）独立支承阶段

它是指支护滞后迎头距离 8～10 m 阶段。此阶段,支护滞后迎头距离较大,处于迎头 C 形支护结构影响范围之外,两者互相独立。空顶区顶板前端受 C 形支护结构支承,其后端受锚杆(索)支护结构支护,其中部受两者支承效果叠加,但控制效果较差。

轴向上垂直位移在空顶区和滞后支护段呈现不同的分布特征:空顶区内垂直位移先增大后减小,滞后支护段内垂直位移单调递增。因此,垂直位移的轴向分布曲线有一个极大值和一个最大值,且其极大值和最大值位于同一位置,即当支护滞后迎头距离较大时,空顶区顶板弯曲下沉值大于后方稳定变形顶板的下沉量。

支护滞后迎头距离极小时,锚杆(索)支护作用区域和迎头煤岩体支承作用区域重叠,顶板弯曲挠度在轴向上呈单调不断增加趋势。当锚杆(索)支护滞后迎头距离变大时,两者作用效果分离,且由于两者支承能力不平衡,导致顶板挠曲变形产生偏向性,即顶板变形偏向滞后支护区域。

4.3 预应力锚杆支护理论

针对具体的工程条件,若要采取合理的锚杆支护设计和应用,则必须对锚杆支护理论进行正确的认识。传统的锚杆支护理论,则:悬吊理论、组合梁理论、组合拱理论、最大水平应力理论和巷道围岩强化理论。这些前人得出的理论成果,都在一定程度上揭示了锚杆支护的实质,扩大了锚杆支护技术的推广和应用。但是由于巷道围岩条件的复杂性、多变性和不稳定性,为了做出科学合理的支护设计,必须紧密的联系巷道围岩条件,选择合理的支护理论做指导。下面针对煤巷围岩特点提出预应力锚杆支护理论。

预应力锚杆支护技术主要有以下几部分:① 支护对象的确立;② 锚杆支护形成预应力支护结构;③ 预应力支护结构的力学行为分析;④ 实现预应力支护结构的技术手段。

4.3.1 巷道围岩的支护对象

讨论支护理论时必须涉及支护对象。当巷道上覆岩层中存在关键岩梁时,由于关键岩梁阻断了上部岩层部分围岩应力的作用,形成了较稳定的外围结构,所以使得关键岩梁以上部分覆岩应力、变形的调整对下位巷道维护影响较小。传统的支护理论仅把顶板和两帮松动围岩的自重作为支护外载,没有明确巷道顶板中关键岩梁的存在对巷道围岩应力、变形的影响。而现代的弹性理论也是在理想的假设条件下研究支护对象问题,在解决实际工程问题时同样存在较多的困难。

在巷道开挖前,岩体处于三向应力的初始状态。若初始地应力 σ_0 的值大于岩体的单轴抗压强度 R_c 时,岩体处于潜塑性状态。一旦开挖后,岩体就会处于塑性状态(破坏),围岩将发生破裂。围岩这种破裂将从周边开始逐渐向深部扩展,直至围岩达到另一种新的三向应力平衡状态为止。

巷道开挖后,围岩的应力和物理变化过程是判断支护外荷载的基础,是支护理论建立的基石。巷道开挖后,通常会引起巷道周边围岩的收敛变形。围岩位移量包括围岩弹性变形位移、塑性变形位移、破裂膨胀变形位移和遇水膨胀变形位移,可用式(4-1)表示。结构变形是由于巷道上覆岩层结构(关键岩梁)与围岩应力二次分布引起的。碎胀变形是由于围岩非连续体沿破裂面张开、转动、滑移等所造成的。

$$\sum U = U_{结构} + U_{弹} + U_{塑} + U_{破} + U_{水} \tag{4-1}$$

式中　$U_{结构}$——巷道围岩结构变形,主要由关键岩梁的变形引起;

$U_{弹}$,$U_{塑}$——弹塑性变形(数值很小,是一个在工程中可以忽略的量);

$U_{水}$——岩石遇水膨胀变形;

$U_{破}$——围岩破裂时的体积膨胀形迹,也称碎胀变形(各种岩石的值可通过岩性试验得到)。

其中,$U_{弹}$ 与 $U_{塑}$ 在巷道支护前就发生了,其变形量很小。其量不足以充填一般支护与围岩的空间。因此,这两种变形位移不能构成实质上的支护压力。一般情况下,假设围岩遇水没有明显膨胀变形位移,则巷道围岩变形位移主要是由围岩破裂后非连续体沿破裂面张开、转动、滑移等作用所造成的。该部分位移不同于连续介质以质点方式向巷道内位移。该部分位移是以岩块作为基本单位,既有岩块内部质点的相对移动,又有岩块的整体移动。

同时,实验室试验结果显示:峰值前岩石试件体积变形量很小,峰值后非连续岩石块体位移占巷道周边位移的 85% ～ 95%,围岩破裂膨胀位移占整个位移的绝大部分。因此,将预应力锚杆支护对象确立为关键岩梁以下部分发生碎胀变形的围岩。

4.3.2　锚杆支护预应力结构

随着锚杆支护实践与研究的深入,锚杆支护预应力结构的概念进一步揭示了预应力锚杆支护的实质,扩大了锚杆支护技术的应用范围,特别是为煤巷和软岩巷道的锚杆支护提供了理论指导。

4.3.2.1　层状顶板预应力支护结构

众所周知,巷道开挖后在围岩发生很小变形时(约在破坏载荷的 25% 以下时),脆性特征明显的岩体就出现开裂、离层、滑动、裂纹扩展和松动等现象,使围岩强度大大弱化。煤层巷道开挖后,一般会立即安装锚杆,但使用普通锚杆支护未施加预拉力,属于被动支护。由于锚杆极限变形量大于围岩极限变形量,而且各类锚杆都有一定的初始滑移量,所以锚杆不能阻止围岩的开裂、滑动和弱化。只有当围岩的开裂位移达到相当的程度(在钢筋混凝土中达到极限载荷的60%～75%)以后,锚杆才能起到阻止围岩裂纹扩展的作用。这时围岩已几乎丧失抗拉和抗剪的能力,加固体的抗拉和抗剪能力主要依靠锚杆的抗拉和抗剪能力。也就是说,这里围岩和锚杆不同步承载,先是围岩受力破坏,围岩破坏达到一定程度后,锚杆才开始承载。

如果在安装锚杆的同时,立即对锚杆施加足够的预拉力,使围岩变形处于受控状态。这样不仅能消除锚杆支护系统的初始滑移量,而且给围岩一定的预压力,改善围岩的应力环境。对于受拉截面来说,这可以抵消一部分拉应力,从而大大提高加固体的抗拉能力;对于受剪截面来说,由于正压应力产生的摩擦力作用,这大大提高了加固体的抗剪能力。因此,及时对锚杆施加预拉力可以大大减缓围岩的弱化过程,同时岩体利用自身强度及时参与承载过程(即形成整体承载结构),保证了巷道的长期稳定。

与主动锚杆支护相比,普通无预拉力被动锚杆支护旨在建立"钢"性顶板,即每一排使用尽量多的锚杆,锚杆行间距和排间距都很密,使顶板有"钢铁化"的势态。图4-5所示为主动、被动锚杆的支护效果。被动锚杆支护能保证在锚杆长度范围内离层变形后产生很大的支护抗力,但是当顶板已发生离层时,这种支护抗力已无助于恢复或提高顶板总体的抗剪强度。尽管锚杆长度范围内的顶板"钢"性化,但是避免不了在锚杆长度以外的范围中顶板发生离层,出

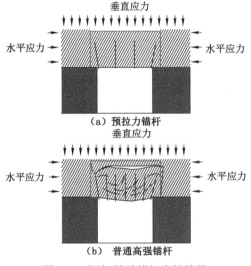

图 4-5　主动、被动锚杆支护效果

现垮冒现象。实际上这种事情经常发生。

据统计,我国现在锚杆间排距普遍为 0.6~0.8 m。实践中,锚固区整体离层破坏甚至垮冒现象时有发生,而锚杆实际受力却很小。

由此提出煤巷支护顶板预应力结构的概念:在施工安装过程中,及时给锚杆或其他支护构件施加合理的张拉力。在这种张拉力的作用下,巷道顶板岩层与锚杆相互作用形成整体性稳定结构。这种结构,既具有一定的变形能力,以充分发挥围岩的自承能力;又具有一定的支护刚度,限制岩体破坏的扩展,从根本上维持巷道围岩的稳定。这种柔性化的压力自承结构称为顶板预应力结构。

4.3.2.2　预应力支护结构力学模型

巷道上覆岩层一般为沉积岩。其通常赋存成组有规律的结构面(层理)。安装锚杆并施加较高的预拉力后,顶板岩体可用力学等价连续岩体模型模拟。安装锚杆,明显地提高了锚固区内岩体的强度,改善了岩体的力学性能。根据现有的力学理论,一般把顶板简化为岩梁结构。岩梁结构的挠度、梁内应力分布都与它的抗弯模量关系密切。常用巷道支护质量评估中指标的顶板下沉量在一定程度上就是梁挠度的反映。而且顶板的破坏取决于顶板内的应力分布和围岩结构的失稳。当对岩体采用预应力锚杆支护技术支护后,根据试验和岩体力学知识,岩体的强度 σ_1、黏结力 C、内摩擦角 φ 就会得到强化。其总体表现为岩梁的抗弯刚度的提高。引入强化系数概念。将采用预应力锚杆支护技术后的强化岩梁(预应力支护结构)的抗弯刚度与原岩体的抗弯刚度之比定义为强化系数。强化岩梁的强化系数为:

$$K = \frac{E'I_1}{EI_1} = \frac{E'}{E} \tag{4-2}$$

式中　I_1——原岩体的抗弯模量;

　　　E'——强化梁的弹性模量;

　　　E——原岩的弹性模量。

为了进行分析,可假设其力学模型如图 4-6 所示。

根据梁的对称性,可取梁的一半长度进行分析。由平衡原理,可得梁的挠度方程为:

$$E'_1 I_1 y''' = q_1 \qquad (-l \leqslant x \leqslant 0) \tag{4-3}$$

$$E_1 I_1 y''' = q_1 - ky \qquad (0 \leqslant x \leqslant \infty) \tag{4-4}$$

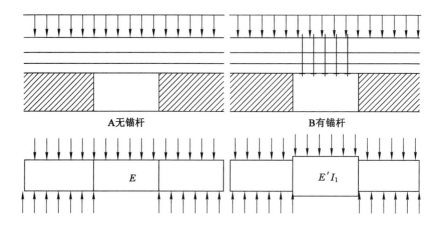

图 4-6 强化梁模型

解方程可得：

$$y = \frac{q_1}{E'_1 I_1}\left[\frac{1}{24}x^4 + \frac{1}{6}lx^3 + \frac{1}{4}l^2(1-2\alpha)x^2 + \frac{1}{6}(1-6\alpha)x + \right.$$

$$\left. \left(\frac{\sqrt{2}}{wl} + \frac{1}{2} - \alpha\right)\frac{l^2}{w^2}\right] \qquad (-l \leqslant x \leqslant 0) \qquad (4\text{-}5)$$

$$y = \frac{q_1}{E_1 I_1}\left[\frac{1}{24}x^4 + \frac{1}{6}lx^3 + \frac{1}{4}l^2(1-2\alpha)x^2 + \frac{1}{6}(1-6\alpha)x + \right.$$

$$\left. \left(\frac{\sqrt{2}}{wl} + \frac{1}{2} - \alpha\right)\frac{l^2}{w^2}\right] \qquad (0 \leqslant x \leqslant \infty) \qquad (4\text{-}6)$$

式中 y——梁的挠度；

$\quad k$——温克勒地基系数，与顶板下煤层的厚度及力学性质有关，$k = \dfrac{E_0}{h_0}$；

$\quad w$——系数，$w = \sqrt[4]{\dfrac{k}{E_1 I_1}}$；

$\quad \alpha$——转角，$\alpha = \dfrac{\sqrt{2}w^2 l^2 + 6w\alpha + 6\sqrt{2}}{6wl(2 + \sqrt{2}wl)}$。

4.3.2.3 层状顶板预应力结构要素

（1）预拉力（或称初锚力）

预拉力（或称初锚力）的大小对顶板稳定性具有决定性的作用。图 4-7 为预应力状态与顶板变形示意图。在高水平应力条件下,顶板表面的剪切破坏是不可避免的。但当预拉力大到一定程度时,顶板岩层处于横向压缩状态,形成预应力承载结构。通过建立顶板预应力结构可以提高顶板整体的抗弯刚度和抗剪强度,改善顶板岩层的受力状态,使顶板岩石的破坏不向纵深方向发展。

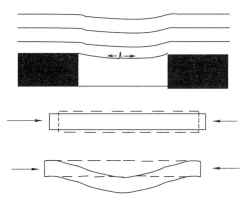

图 4-7　预应力状态与顶板变形示意图

锚杆参数和预拉力的合理配置可以使锚杆长度范围内的上覆顶板岩层不存在离层破坏。当预拉力达到一定值后,顶板岩层在不同的层位会出现一定的正应变和负应变。其累计值还不足以造成明显的顶板下沉,即预应力结构可以保证顶板不出现横向弯曲变形,而只出现纵向的微小的膨胀和压缩变形。

（2）顶板的稳定性与巷道宽度和垂直压力的关系

在一定范围内,顶板的稳定性与巷道宽度和垂直压力关系不大。一般认为:巷道宽度越大,顶板稳定性越差。这一认识仅适合于被动支护(采用棚子和锚杆支护)。因为在此条件下顶板中部的拉应力越大,顶板拉破坏的可能性就越大。但预应力结构(梁)的形成杜绝了顶板发生拉破坏的可能。

当锚杆预拉力达到一定程度后,预应力顶板结构将使得两帮垂直压力均分到巷道两侧纵深,巷道两侧应力集中系数降低,预应力顶板结构承载范围增加,巷道片帮现象得到缓和,两帮的维护变得相对简单。与被动锚杆支护原则"先护帮,后控顶"相对照,主动锚杆支护的原则是"帮顶同治"。巷道帮部的稳定性分析与顶板的稳定性分析类似,并没有更多的特殊性,只是对顶板的安全性和可靠性要求更高。

施工机具、施工工艺和锚杆结构及加工等方面的研究应以实现锚杆高预拉力为重点。在同等地质条件下,提高锚杆预拉力可以进一步增加锚杆间排距,减少锚杆用量,降低巷道支护成本,为提高巷道掘进速度创造条件。

（3）顶板预应力结构的特征

① 变形特征

顶板预应力结构既具有一定的变形空间,又具有一定的支护刚度。它被允许有合理的变形。

② 岩性特征

锚杆安装和预拉力的存在,改善了围岩的受力状态,强化了锚固岩体的力学参数,特别是峰后锚固岩体的力学参数。这是预应力结构的本质所在。

③ 支承特征

顶板预应力结构大大降低了两帮支承压力的峰值,缓解了两帮应力集中现象,使得支承压力向煤壁深处转移,改善了两帮支护环境。

4.3.2.4 预应力结构判断标准

传统的支承式巷道支护是从围岩外部提供支承力,而锚杆则是与围岩共同作用,充分利用围岩的自承能力,形成了围岩-锚杆的整体承载结构。这是关于锚杆支护的经典论述。但整体承载结构的形成不是没有条件的。现有的工程实践表明,大多数普通锚杆(无初锚力或初锚力极低)和围岩不能形成可靠的共同承载结构。顶板预应力结构的形成需要以下条件。

（1）支护构件安装时能够提供一个明确的作用力,其绝对值应明显大于松动岩体的质量。这种主动施加的作用力应适度,其过小或过大都不合适。

（2）支护构件刚度应与预应力承载结构的刚度相匹配,同步承载,协调变形,确保锚固区内围岩和构件的相互作用始终存在。

层状岩体在水平地应力的作用下,顶板岩层易发生剪切破坏,出现离层现象。当巷道顶板围岩产生离层以后,顶板的承载能力将大幅度下降,不仅影响到支护效果,还直接影响到煤矿生产的基本安全问题。因此,将巷道顶板是否离层作为巷道稳定性判别的标准。其离层与否正是顶板预应力结构形成的基本要素。因此,可以将两者统一起来,把锚杆预拉力纳入锚杆支护参数设计中,以顶板离层作为分析的原则和依据,提供一个避免或减少巷道冒顶事故的设计方法。还需要说明的是:由于不同岩性、不同支护条件所允许的巷道围岩变形量差别很大,所以以巷道围岩变形量的大小作为准确判断巷道的稳定标准是不合适的,也是不能保证安全的。

目前,国内常用的单体钻机扭矩偏低,无法实现相关工艺设计要求的锚杆预拉力,真正意义上的预应力结构尚难形成。但它指出了支护技术发展的方向,即如何提高锚杆的预拉力,并通过其他手段进一步提高顶板预应力结构的承载能力。比如,桃园 7#煤层顶板条件需锚杆预拉力达到 40 kN 左右,而目前采用大扭矩钻机安装加工精良的高性能锚杆预拉力只能达到 20～30 kN。因此,单纯采用高预拉力锚杆支护尚不能满足相关要求,需进一步加强支护,确保巷道顶板局部离层或围岩发生较大变形时支护系统安全可靠。在类似条件下,国内目前大多采用小孔径预拉力锚索加强支护技术,但当锚索作用范围超过 6 m 时,就难以从根本上控制中间部分岩体的变形或离层。因此,采用锚杆、锚索组合支护技术也难以在厚层复合顶板条件下取得支护的根本成功,必须采用新型的预拉力支护技术对顶板岩层进行有效加固。

4.3.3 锚杆支护的预应力结构力学行为分析

从现场观测和模拟试验分析可知,预应力锚杆支护技术在巷道围岩中的作用主要表现在以下几个方面:① 改善巷道围岩的应力状态;② 强化锚固体的力学参数;③ 在巷道围岩中形成预应力支护结构。为了分析岩体锚固后的支护效果,必须充分研究每个方面的作用。

4.3.3.1 改善围岩的应力状态

如果在安装锚杆的同时,立即施加足够的预紧力,那么这不仅可以消除锚杆构件的初始滑移量,而且能给围岩一定的预紧力,使得锚杆和锚固岩体相互作用而形成统一的承载结构(预应力锚固结构),从而大大提高岩体的抗拉能力。即使对于受剪面,这也大大提高了加固体的抗剪能力。

(1)提高锚固体的抗拉能力

在无锚杆支护时,巷道周边围岩处于二向受压状态,可知当应力 $\sigma_3 = 0$,应力 $\sigma_1 = R$ 时,巷道围岩便发生破坏。深井巷道掘出后,通常利用锚杆支护。当间排距合适的锚杆沿巷道全断面安装后,在巷道围岩内就会形成连续的均匀压缩拱(即承载的组合拱)。

巷道围岩形成均匀压缩拱以后,在锚杆所提供的预紧力 N 作用下,巷道周边的法向应力为 σ_n:

$$\sigma_n = N/(D \cdot L) \tag{4-7}$$

式中　N——锚杆拉力；

　　　D，L——锚杆排距、间距。

锚杆支护后，巷道围岩由二向应力状态转变成三向应力状态。此时围岩达到破坏状态时，周边承受的最大应力将从 σ_1 提高到 σ'_1。

根据岩石破坏时摩尔-库仑准则可以算出 σ'_1：

$$\sigma'_1 = R + \tan^2\left(\frac{\varphi}{2} + 45°\right)\frac{N}{D \cdot L} \tag{4-8}$$

式中　φ——内摩擦角；

　　　其他符号含义同上。

由此可见，如果给锚杆施加适当的预紧力，使得巷道围岩由二向应力状态转变成三向应力状态，可以大大提高锚固围岩的承载能力。

（2）提高锚固体的抗剪能力

对于一般的岩土材料，随着静水压力的增加，其屈服应力和破坏应力都会有很大的增长。即使在只考虑各向同性的情况下，其屈应力和破坏应力也应采用 $f(J'_1, J'_2, J'_3) = 0$ 的一般形式。而且在拉伸和压缩时，岩土材料强度不同。在建立屈服条件时应予以考虑这个特点。

第三强度理论（最大剪应力理论）认为：当某一截面上的剪应力达到极限值 τ 时，材料就会沿该截面发生滑动。但是在一般情况下，与库仑摩擦定理中的摩擦力相类似，τ 并不是一个常数，而是与滑动面上的正应力 σ_n 有关。因此，在滑动面上有 $\tau_n = \varphi(\sigma_n)$。由试验确定了各种应力状态下某一截面上剪应力的极限状态后，就可以在 $\sigma \sim \tau$ 平面上做出相应的极限应力图。以 $\tau_n = \varphi(\sigma_n)$ 为它们的包络线方程。摩尔极限应力图如图 4-8 所示。

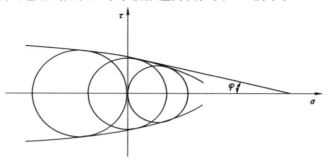

图 4-8　摩尔极限应力图（包络线）

　　试验证明:通常随静水压力($-\sigma_n$)的增加,φ 角逐渐减小。在这里只考虑一个简单的情形,即 φ 角为常数的情形,这时有:

$$\tau_n = C - \sigma_n \tan \varphi \tag{4-9}$$

其中,常数 C 称为黏聚力,φ 称为内摩擦角。它们的几何意义如图 4-9 所示。

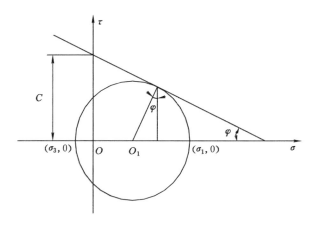

图 4-9　库仑屈服条件

　　岩石试验表明:式(4-9)比较符合岩土中开始出现微裂纹的情况。把这一条件用主应力(规定 $\sigma_1 \geqslant \sigma_2 \geqslant \sigma_3$)写出式(4-10):

$$\frac{1}{2}(\sigma_1 - \sigma_3) = C \cdot \cos \varphi - \frac{\sigma_1 + \sigma_3}{2} \sin \varphi \tag{4-10}$$

式(4-10)更一般的表达式为:

$$F(\sigma_1, \sigma_2, \sigma_3) = \frac{1}{2}(\sigma_1 - \sigma_3) + F_1(\sigma_1 + \sigma_3) = 0 \tag{4-11}$$

其中函数 F_1 反映了静水压力对屈服的影响。

　　由库仑剪破条件可绘得图 4-10。如图 4-10 所示,当 σ_3 由 0 增加到 σ'_3 时,相应的极限剪应力也由 τ_n 增加到 τ'_n。由此可以看出,岩体的抗剪极限应力有了一定的提高。

　　在一般应力状态下,考虑静水压力的最简单的推广形式时,可在米塞斯屈服条件中添加一个静水应力因子,即有:

$$f = \alpha J_1 + \sqrt{J'_2} - k = 0 \tag{4-12}$$

式中　J_1——第一应力张量不变量;

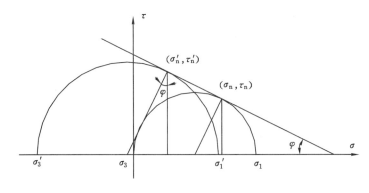

图 4-10　库仑剪破条件

J'_2——应力偏张量第二不变量;

α, k——正常数。

式(4-12)表明,随着静水压力的增加(注意当静水应力为压力时,$J_1 < 0$),米塞斯屈服圆的半径将扩大。在主应力空间中,屈服曲面 $f = 0$ 时是一个圆锥面。即随着静水压力的增加,由米塞斯屈服条件所确定的极限应力也不停地增加。也就是说,岩体的承载能力随着静水压力的增加而相应地增长。

(3)改善锚固体的变形性能

给锚杆施加适当的预紧力,可以使锚杆的支护特性曲线前移,锚杆和围岩可以形成统一的承载结构。提高支护围岩体的强度,可减小巷道围岩的变形,控制围岩破碎区、塑性区的发展,从而有利于巷道围岩的稳定。

以锚、喷、网支护为例,分析围岩最大支护力与各组成部分的关系。在没有预应力的条件下,锚固体的最大支护力为锚杆的最大支护力和其余部分(围岩、喷层)的残余支护力以及金属网的支护力。若给锚杆施加适当的预紧力,则围岩与锚杆构件共同作用,进而形成一个统一的承载结构。这可以避免围岩与锚杆各个被破坏,能够提高加固体的总支护能力。

4.3.3.2　提高围岩的物理力学参数

根据相似材料模拟试验,分析锚固体在不同的锚杆支护强度下的弹性模量 E、等效内聚力 C、等效内摩擦角 φ 的变化。不同锚杆布置密度下锚固体的弹性模量如表 4-1 所示。不同锚杆布置密度下锚固体的等效内聚力和等效内摩擦角如表 4-2 所示。

表 4-1　不同锚杆布置密度下锚固体的弹性模量

锚杆布置密度 (根/400 cm²)	无锚杆	2	3	4	5	6	8
弹性模量 E/MPa	280.8	282.58	284.65	288.24	293.97	299.69	310

表 4-2　不同锚杆布置密度下的等效内聚力和等效内摩擦角

锚杆布置密度 (根/400 cm²)	无锚杆	2	3	4	5	6	8
等效内聚力 C/MPa	0.346 6	0.356 8	0.362 6	0.367 7	0.382 8	0.377 3	0.386 9
等效内摩擦角 φ/(°)	31.51	31.53	33.51	35.37	37.14	38.8	40.4

通过单轴试验和平面应变试验可以看出:安装锚杆后,锚固体的弹性模量有较大的提高,且随锚杆布置密度的增加而增加。

由试验结果可看出:安装锚杆对锚固体的等效内聚力和等效内摩擦角均有影响。其中对锚固体的等效内聚力影响并不大,但对锚固体的等效内摩擦角影响较大。随着锚杆布置密度的增加,其值也增加,但其增加幅度逐渐减小。

4.3.3.3　形成顶板岩层预应力支护结构

由于顶板抗弯模量的增加,位于两帮之上顶板的挠度 y 有明显的降低。当顶板结构没破坏时,根据温克勒地基假设,两帮内的铅垂力 R 为:

$$R = ky \tag{4-13}$$

式中,k 为温克勒地基系数,与顶板下煤层的厚度及力学性质有关。$k = \dfrac{E_0}{h_0}$,E_0 为煤层的弹性模量,h_0 为煤层的厚度。

由式(4-13)得知,当顶板的挠度 y 降低时,煤壁内的支承压力也降低。由于安装了锚杆,煤壁内支承压力的峰值有所降低,而且其峰值位置有远离煤壁向煤壁深处转移的趋势。

为了验证锚杆对两帮煤壁支承压力分布的影响,采用离散元软件UDEC3.0进行模拟。其模拟结果如图 4-11 所示。

由图 4-11 可得出:由于锚杆支护形成的预应力支护结构的作用,相比无支护时,巷道支承压力峰值位置有远离煤壁向煤壁深处转移的趋势,同时巷道

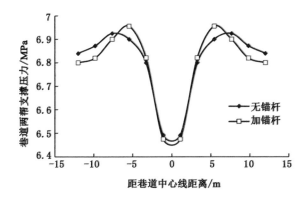

图 4-11　有无锚杆对煤壁支承压力的影响

支承压力的峰值有所降低。

4.3.4　大断面煤巷大间排距高性能锚杆支护技术

为了加快巷道施工进度,在确保顶板安全的条件下,建立以高强度、高预应力和高系统刚度为技术核心,同时适应于煤巷快速掘进的大间排距高性能锚杆支护体系。

4.3.4.1　锚杆高强高阻作用机理

高性能锚杆是实现初期高预拉力、后期高承载力的前提条件。高刚度支护附件是保证支护阻力有效扩散的必要条件。通过及时支护的高预拉力锚杆提供初期的支护阻力,减少掘巷煤岩体松动变形;通过高刚度的护表材料及锚杆附件,促使锚杆在后续围岩变形过程中实现高增荷特性,进而达到高工作荷载,从而有效控制深部煤层巷道在掘进期间的变形,实现巷道大间排距条件下高性能锚杆的安全高效支护。

高性能锚杆的主动支护要求强化锚杆支护的承载特性,这就要求锚杆的支护体系具有及时到位、高预紧力、增阻迅速的性能。支护阻力与围岩变形关系如图 4-12 所示。

如图 4-12 中曲线 4 所示,在安装锚杆(索)时要求具有高预紧力,这样主动支护体系所提供的初期支护阻力高,能有效地控制巷道前期围岩的松动变形。后期控制巷道围岩变形主要是通过锚杆(索)迅速上升的工作载荷。高强度的锚杆附件和护表材料可以保证其工作载荷的快速增大。

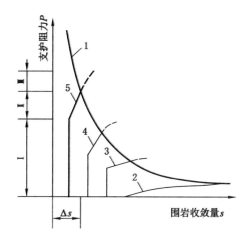

1—典型的支护围岩关系曲线；2—传统支护特性曲线；3—高强锚杆支护特性曲线；

4—高性能锚杆支护特性曲线；5—高系统刚度的锚杆支护。

图 4-12　支护阻力与围岩变形关系图

图 4-12 中曲线 3 表示了目前常用的高强锚杆工作特性。由于锚杆安装时间稍微滞后，造成支护增阻速度慢，最终支护工作阻力较低，使得后期围岩产生较大变形。

图 4-12 中曲线 2 表示了传统支护形式的工作特性。支护滞后时间过长，又没有及时施加预紧力，使得巷道松动变形前支护就已经失去了作用，顶板极易出现冒顶、离层、松动现象，巷道围岩破坏严重。

随着支护强度的不断增加，支护结构（钢带、铁丝网、钢筋网）对顶板承载能力的体现，并不完全体现在主要支护构件上，而是体现在起作用的高刚度的支护附件上。因此，必须提高支护附件的刚度，并实现各类附件与主要支护体之间的有效连接，使支护体系的整体性大大增强，才能有效控制巷道顶板的安全。

4.3.4.2　破裂围岩体强度强化机理

由于煤巷围岩强度较低，开挖以后煤巷围岩会产生一定程度的破坏。浅部围岩发生塑性变形，处于低围压破裂状态，承载能力很低。通过对巷道周围低围压区域破裂岩石进行加固处理，以提高巷道围岩的稳定性和承载性能。其主要的加固手段有注浆加固和锚杆支护两种。

锚杆支护的实质是锚杆和岩体相互作用而组成锚固体，进而形成统一的承载结构。锚杆可以提高锚固体的力学参数,改善锚固体的力学性能。锚杆支护后,锚固区域内岩体的峰值强度或峰后强度、残余强度均能得到强化。锚杆支护可以改变围岩的应力状态、增加围压,从而提高围岩的承载能力,改善巷道的支护状况。巷道围岩锚固体强度提高后,可以减小巷道周围破碎区、塑性区的范围和巷道的表面位移,控制围岩破碎区塑性区的发展,从而有利于巷道围岩的稳定。

4.3.4.3 巷道围岩结构强化机理

施工高预紧力锚杆是为了控制围岩的进一步松动,承载破碎围岩的自重,为后期锚杆增阻提供良好的围岩条件,以提高锚杆的支护效果。高预紧力锚索生根在深部完整强度高的围岩中,增大锚固区域,降低岩层的剪切、膨胀破坏,避免顶板发生垮冒和渐次离层。

煤巷两帮煤体是天然的软弱部位,属于弱化区。必须对其进行针对性补强,以此减弱或避免该区域的松动变形破坏,维护巷道围岩的整体承载性能。

在两帮破碎围岩内聚力很小的情况下,锚固体破坏的主要取决于压应力和剪应力作用。锚杆支护形成锚固体后,锚固体峰值强度和残余强度得到改善,两帮承载能力提高,两帮围岩破碎区及塑性区宽度减小,促使巷道两帮围岩锚固体处于相对稳定状态。

4.3.4.4 锚杆预紧力对围岩作用机理

相关弹性模拟试验结果已经证明:单根预应力锚杆安装在弹性体中,可在弹性体内形成以锚杆两端为顶点的压缩区。碎石锚固试验证明:预应力锚杆可在岩层中产生横向挤压加固作用。假设锚杆的预紧力为 P。从机理上看,正是 P 的存在,使岩层在锚杆安装方向上受到压缩应力 σ_1 的作用,产生压缩区;在 σ_1 作用下,岩体在垂直锚杆安装方向上产生横向扩张变形,这种横向扩张变形受横向岩体的约束作用进而导致横向挤压应力 σ_2 的产生,如图 4-13 所示。

巷道支护区域围岩压应力的增大,一方面,提高了岩石的峰值强度、残余强度,增强围岩的黏结力和内摩擦角;另一方面,由于围岩内压应力提高是三向的,围岩体内任意方向的节理、裂隙面垂直方向的挤压应力都会得到提高,从而提高了节理、裂隙面的摩擦力。锚杆预紧力通过提高巷道围岩体自身力学性能和节理、裂隙稳定性,从而提高了巷道围岩的自承载能力。

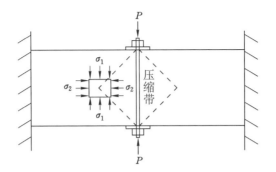

图 4-13　预应力锚杆作用机理

4.4　煤巷矿压显现速度效应理论

4.4.1　煤巷围岩变形时间效应

　　掘进速度的提高,引起煤巷矿压显现的缓和(即巷道围岩变形和破坏减少)。围岩变形量由变形速度和变形时间决定。变形速度由力主导。而掘进速度的提高,会让变形时间缩短。这就引入了时间变量。通过时间变量,建立起煤巷围岩变形(即矿压显现)与掘进速度的关系,以此分析煤巷矿压显现的速度效应。

　　煤巷开掘后,由于煤炭空间的掘出,煤巷围岩没有了煤炭空间的约束,围岩应力开始释放和转移。这导致围岩变形、破坏。应力转移(即煤巷围岩浅部的应力不断向深部转移),致使围岩浅部应力降低。应力的减小,直接引起变形加速度的减小,表现为变形速度不断降低。应力通过围岩变形和破坏的形式释放。围岩变形和破坏需要时间才能实现,而应力则可以通过连续围岩快速从浅部向深部转移。因此,应力释放所需的时间远大于应力转移所需时间。当煤巷掘进速度加快时,煤巷围岩应力的转移将快于其释放,围岩浅部的应力释放时间也将缩短,呈现出围岩变形和破坏减小。这就是矿压显现缓和。

　　煤巷掘进期间围岩变形曲线如图 4-14 所示。图 4-14 中纵坐标为煤巷围岩变形速度;横坐标既可以是与掘进工作面的距离,又可以是煤巷掘出后的时间,其绝对值为距离或时间的值。煤巷掘进期间,应力通过浅部围岩的变形和破坏得到释放,使得煤巷掘进期间围岩变形速度急剧减小;本阶段称为煤巷掘进影响期。随着煤巷围岩的不断变形,应力已向深部转移;浅部除破坏的围岩以外,已能形成自稳定的小结构,此时围岩受力不变。由于深部煤岩体具有流变性,所以围岩变形表现为蠕变特性,其变形速度保持不变;本阶段称为煤巷掘进影响稳定期。

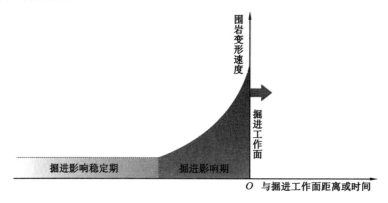

图 4-14 煤巷掘进期间围岩变形曲线

当煤巷掘进速度增大时,处于同一变形速度下的时间将缩短,对应于该速度下的煤巷围岩变形量将会减小(即煤巷矿压显现缓和)。同样地,当煤巷掘进速度提高时,相同时间内,煤巷进尺更多,该断面围岩的变形速度将更小,对应于相同时间下的煤巷围岩变形量将会减小。以煤巷掘进影响期随时间变化为例,当掘进速度增大时,同一循环断面的煤巷围岩停留在掘进影响期的时间将会减少,最终使得该循环断面的煤巷围岩变形量减小。同理,当掘进速度提高时,煤巷掘进影响稳定期也有类似规律。以上两个时期内的煤巷围岩变形量的减小,将使得煤巷掘进期间的围岩变形量减小。这就是说:即掘巷期间的即时矿压显现缓和,使得煤巷矿压显现缓和。

4.4.2 煤巷应力驱赶理论

煤巷围岩变形、破坏(即煤巷矿压显现)的时间效应是滞后煤巷掘进工作面应力释放的。建立煤巷轴向垂直应力驱赶模型,如图 4-15 所示。在煤巷轴向上,当掘进速度提高时,每个循环所需的时间减少,使得超前掘进工作面的煤体承受的垂直应力向深部转移得更快(即煤体承受的应力更小),进而使煤体的变形加速度减小更快(即变形加速度更小),则变形速度减小得更快即变形速度更小。在相同的时间内,当掘进度提高,煤体的变形量将减小。这表明:煤巷矿压显现随掘进速度的提高而缓和。

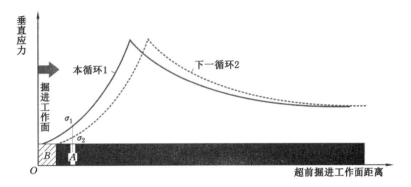

图 4-15　煤巷轴向垂直应力驱赶模型

当煤巷保持较高的速度掘进时,掘进工作面前方塑性区一直承受较低的应力。随着掘进工作面的推进,上一循环的超前工作面塑性区逐渐转为下一循环的破裂区,则超前工作面的破裂区也一直承受较低的应力。工作面前方围岩的浅部一直承受较小的应力,其围岩变形加速度也就较小(即变形速度较小),则围岩变形量较小,也就是矿压显现缓和,这从应力的角度解释了煤巷矿压显现的速度效应。

第5章 精细卓越快掘工艺关键技术

5.1 智能快掘作业线

对于巷道快速掘进的定义,在不同的矿区,其表达的意义是不一样的。总体来说,巷道快速掘进应该从以下三个方面来阐述。第一,当巷道掘进作业时,辅助设备是否可以满足掘进作业施工的需要,即包括供电、通风、排水、后续转载运输等系统的稳定性是否可以满足掘进作业施工的需要。第二,在巷道掘进作业中,能否最大限度地实现掘进和支护平行作业。第三,巷道掘进作业的循环进尺必须满足既定的掘进作业长度要求。

"探、掘、支、破、运"是巷道快速掘进过程中的主要作业流程。探是指在掘进工作面前方 150 m 范围内超前探测、疏放,以实现"逢掘必探、先探后掘"。掘是指掘锚机的截割部将煤截割下来。支是指巷道成形后为保证围岩稳定性而进行的支护。破是指为了便于运输煤炭,利用破碎机将大块煤破碎成小块煤。运是指将截割下来的煤块运出工作现场,以保障后续工作的顺利进行。

(1)探测作业

探测作业采用"两掘一探"的组织形式进行。在两个生产班之前,在工作面前方打超前钻孔,探明前方地质情况且安全后,生产班方可进行正常掘进。在巷道掘进过程中,前方煤体内剩余探孔长度达到规定界限时,必须停止掘进,然后将超前探孔打至设计深度。

(2)掘进作业

在巷道掘进过程中,掘锚机通过截割运动将煤从煤体中截割下来,从而实现割煤作业。掘锚机司机对掘锚机的控制包括断面成形控制和掘进方向控制。掘锚机司机通过掘锚机逐步成形巷道断面,形成未支护的裸巷。

（3）支护作业

在巷道支护作业中,保证巷道围岩的稳定和后期的正常使用是非常重要的。因此,在最大限度地提高巷道掘进速度的同时,必须考虑选择合理的巷道支护方式和支护参数,以便有效控制巷道围岩变形,确保巷道在掘进过程中和后期使用过程中的稳定性。

（4）破煤作业

破煤作业是破碎机将掘进机截割部截割后的大块落煤破碎成小碎煤的过程。这便于连续运输系统实现无故障运煤。

（5）运输作业

根据运输设备的不同,运输作业可以分为连续型运输和离散型运输两种。胶带运输和刮板运输属于连续运输作业,梭车运输和矿车运输属于离散型运输作业。这两种运输作业分别代表着连续生产和离散生产。其中,胶带运输方式最为常见。胶带运输具有运输量大、作业效率高等特点。

5.2　智能快掘工艺流程

借鉴工作面智能化开采技术发展思路,发展装备成套化、作业流程自动化、控制方式智能化是实现巷道智能快速掘进的有效途径。智能快掘成套装备配备有定位导向、自动行走、一键启动、自动截割、自动支护、连续输送等系统,形成一条以智能化作业线为基础的高效率、相互配合、自动化生产的掘进系统。

5.2.1　智能快速掘进作业流程

图 5-1 为快速掘进作业线流程图。智能快速掘进作业基本流程如下:

（1）启动超前钻探装置对工作面前方地质情况进行探测。

（2）检测启动条件,确认安全后一键启动系统。

① 以巷道设计中线对掘锚机进行基准精确定位导向。

② 掘锚机自动放下稳定器稳定机身,升起临时支护护盾。

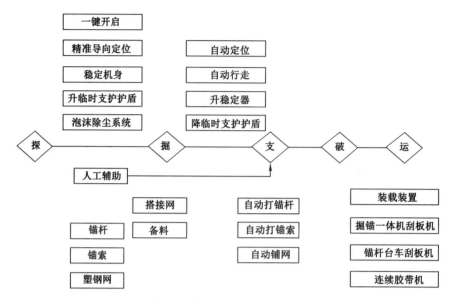

图 5-1 快速掘进作业线流程图

③ 掘锚机位置信息满足要求后,开启运输系统。检测到运输系统运行的反馈信号后,胶带运输机、锚杆台车刮板机、掘锚一体机刮板机、装载装置依次启动。

④ 开启泡沫除尘系统。掘锚机通过多传感器实时监测截割的当前位置、状态、功率,控制截割头顺利完成升刀、进刀、下割、拉底等自适应截割步骤。掘锚机单次截割循环步距为 1.0 m。截割后的落煤经装载部装入掘锚一体机刮板机上。破碎机将大煤块破碎成小煤块。小煤块被运至锚杆台车刮板机上,最后被输送到连续胶带输送机上。

⑤ 掘锚机自动升起稳定器,同时降低临时支护护盾。

⑥ 机载全站仪自动定位后,掘锚机开始自动行走;锚杆台车跟着掘锚机自动向前行走,同时调整姿态对准巷道中线,锚杆台车头部的料斗对准掘锚机出料口。

⑦ 帮网、顶网在铺网撑紧装置作用下随掘锚机行走时自动铺开,实现自动铺网。

⑧ 锚杆位置自动定位后,开启自动打锚杆工序。其与自动截割同时启动,打锚杆工序依次完成。锚杆机打完后自动拧紧螺母,且自动回退。

⑨ 开始下一个作业循环。

（3）按照支护参数方案要求，确定锚索排距为 3.0 m。每三个循环进行一次半自动锚索支护作业。通过矿用锚杆台车自动接、退钻杆；人工辅助操作锚索钻机，依次完成安装锚固剂、锚索、托盘、张拉锚索等作业。

5.2.2　人工辅助作业

（1）技术人员在集控平台上设定掘锚机和锚杆台车初始位置后，各锚杆台车按固定步进距离行走。协同机械设备优先保证锚杆排距一致。每当行走固定排距时，各锚杆机按设定路径自动进行锚杆支护作业。

（2）锚网施工时采用塑钢网。两片网之间的连接采用铁丝搭接，网片搭接宽度为 100 mm。

（3）半自动锚索支护工序需人工辅助操作锚索钻机，依次完成安装锚固剂、锚索、托盘、张拉锚索等作业。

（3）备料。具体事项为：① 需人工将塑钢网放置在存储装置内。当塑钢网网片数量不足下一循环铺设需求时，应及时补给塑钢网。② 超前钻机上的钻杆需人工添加和取走。锚杆库全额可配置 8 根锚杆。当锚杆库锚杆数量不足完成下一循环锚杆作业需求时，应及时补给锚杆。

5.2.3　多工序平行作业

以"以掘定支，掘支平行"为目标，依据各工序的时间和空间关系、巷道支护与掘进过程中各工艺、全要素、全时段用时分析结果，对顶板与帮部锚杆安设的时间、空间进行优化布置，优化工步、时序之间的配合关系，使得各工序平行作业，实现掘锚同步作业。

掘锚机前进位置在满足一个截割进尺后，掘锚机护盾升起，自动截割功能启动，同时自动打锚杆功能开始运行。按照巷道支护方案，锚杆的排距为 1.0 m，锚索的排距为 3.0 m，截割步距为 1.0 m。每截割一次需要进行一次顶帮锚杆支护，且满足支护两根锚杆所需的时间；截割三次进行一次半自动锚索支护。锚杆台车与掘锚机通过料斗灵活搭接，为锚索支护提供足够的时间保障。辅助锚索支护人员在无锚索支护时间内可完成风筒的延伸、支护材料补给等辅助作业，保证各工序之间衔接紧凑。支护与掘进同步、并行作业，互不干扰，实现煤巷高效率快速掘进。图 5-2 为掘支平行作业周期图。

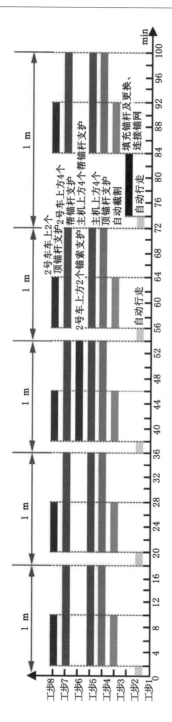

图5-2 掘支平行作业周期图

在巷道掘进过程中,掘进与支护作业同步进行。如图 5-3 所示,按照 122108 主运平巷支护断面设计,顶部锚杆间排距为 1.2 m×1 m,侧帮锚杆间排距为 1 m×1 m。顶部支护锚杆 6 根,左右侧帮锚杆各支护锚杆 4 根。

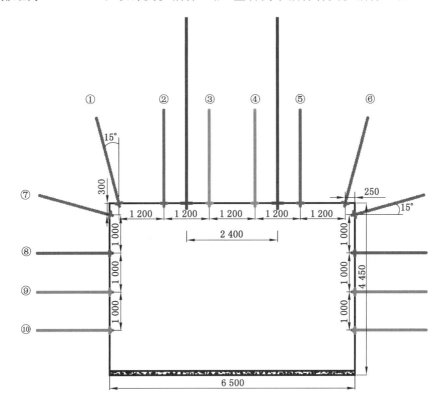

图 5-3　122108 主运平巷支护断面图

如图 5-3 所示,将巷道顶部 6 根锚杆进行编号,以巷道掘进方向为基准,从左至右编号依次为①、②、③、④、⑤、⑥。掘锚一体机先打设①、②、⑤、⑥号顶部锚杆,锚杆台车通过钻机滑移架调整位置补打剩余的③、④号顶部锚杆,两者平行作业。

如图 5-3 所示,将巷道左侧帮部 4 根锚杆进行编号,以巷道掘进方向为基准,从上至下编号依次为⑦、⑧、⑨、⑩。其中掘锚一体机打⑦、⑧号侧帮锚杆(从上到下),液压锚杆台车补打⑨、⑩号侧帮锚杆,两者平行作业。巷道右侧帮部锚杆支护顺序与巷道左侧的一致。

顶锚索间排距为 2.4 m×3 m。每排布置 2 根顶锚索。顶锚索长度为 6.25 m。锚杆台车同步完成顶锚索支护。

图 5-4 所示为巷道三维平面交互支护模型。

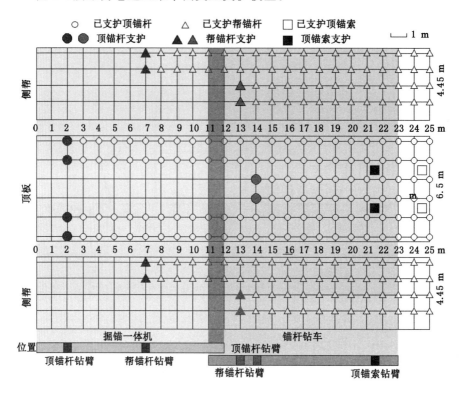

图 5-4　巷道三维平面交互支护模型

5.2.3　重点工序操作要点

5.2.3.1　截割工序

升起掘锚机截割头,从工作面煤层顶部进刀掏槽,从上往下截割煤,进刀深度为 1 000 mm。割至煤底部后进行拉底。拉底完成后,掘锚机前行 1 m,进入下一循环截割作业。图 5-5 为掘锚机掘进巷道截割轨迹循环图。截割后的落煤经装载部装入掘锚一体机刮板机上。破碎机将大煤块破碎成小煤块。小煤块被运至锚杆台车刮板机上,最后被输送到连续胶带输送机中。

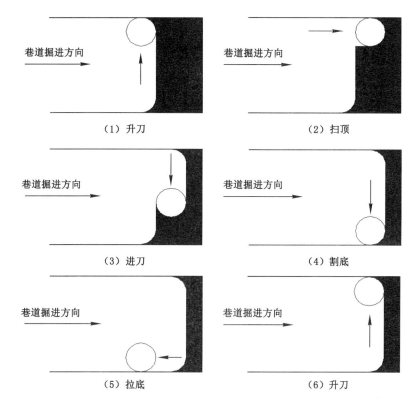

图 5-5 掘锚机掘进巷道截割轨迹循环图

5.2.3.2 铺网工序

掘锚机护盾自动降低后,随着掘锚机自动向前行走。在自动铺网装置的作用下,顶网及帮网自动向前延伸铺展。掘锚机前进位置在满足一个截割进尺后,掘锚机护盾升起直至紧贴巷道顶板,对巷道永久支护至迎头区域进行临时支护,从而完成一个循环自动铺网作业。

5.2.3.3 打锚杆工序

(1)定位

集控平台定义顶锚杆机初始位置。掘锚一体机左右顶锚杆机距离巷道中心线距离为 3 000 mm。锚杆台车顶锚杆机始终处于巷道中心线位置。

(2)安装钻杆

先将钻杆机械手摆出,钻杆机械手将钻杆送至钻杆马达中心轴位置,钻机慢速空推并旋转,到达指定位置停止。然后将钻杆机械手松脱,钻杆机械手摆回,钻机马达旋转的同时向前运动安装钻杆。

（3）钻孔

钻机作业时,钻杆马达全速旋转,钻杆钻进深度至 2 350 mm 后停止。

（4）撤钻杆

钻机反转,慢速退出钻杆。将钻杆机械手摆出后夹紧钻杆,然后将钻杆机械手摆回。

（5）切换锚杆工位,安装锚杆

分度油缸缩回。锚杆库旋转至指定位置后,分度盘限位油缸伸出进行限位;锚杆机械手夹紧锚杆并向上摆出,钻机慢速空推,到达位置后停止;锚杆机械手松脱并摆回;钻机边旋转边前进,安装锚杆。

（6）打锚固剂

钻机推进并供水,顶出锚固剂;钻机慢速推进并旋转;完成打锚杆作业后,钻机退回,完成支护作业。

也可将掘锚一体机工作模式调整为手动模式,分步骤进行以上作业。

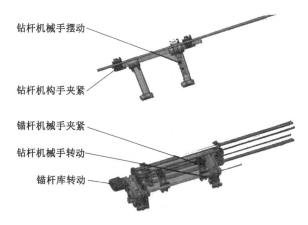

图 5-6　锚杆机械手工作示意图

5.2.3.4　打锚索工序

打锚索工序依次为:定位、钻眼、接钻杆、冲洗孔、退钻杆安装锚索。

（1）定位

智能型掘锚设备中心线与巷道中心线保持一致后,定义锚索机位置。锚杆台车 2 台锚索机按照距离设备中心线 1 000 mm 位置进行固定。

（2）钻眼

锚杆台车按照中线自动行走 1 m 后，自动放下 4 根液压支腿，将锚杆平台支撑到位。锚索钻机撑板伸出；钻杆库插销油缸缩回，钻杆库旋转；钻杆机械手夹紧钻杆并旋转；钻机前移，钻杆机械手松开并摆回；钻机马达边前进边旋转开始钻孔，钻机钻孔。

（3）接钻杆

钻机前端输送器夹紧，钻杆机反转退回；钻杆库插销油缸缩回，钻杆库旋转，钻杆机械手夹紧钻杆并旋转；钻机前移，钻杆机械手松开并摆回，钻机马达边前进边旋转开始钻孔；重复动作直到钻孔深度达到 6 300 mm。

（4）冲洗孔

钻孔达到规定深度后，在保持钻杆回转及供水不间断的情况下，支腿缓慢回落，冲掉孔外的残留岩粉。

（5）退钻杆

钻孔深度达到要求后，钻机退回。此时钻机不退至最末端，并保证一根钻杆全退出来且越过前段夹紧装置。钻杆机械手旋转、滑移至马达中心轴位置，前端夹紧装置夹紧，钻机反转并退回。钻杆机械手夹紧钻杆。钻机逆时针旋转卸下钻杆，钻杆机械手旋转将钻杆放至钻杆库。钻机继续前进且重复动作，拆卸下一根钻杆。重复上述步骤直至钻杆完全被退出，最后钻机停留在初始位置。

（6）安装锚索

人工辅助将锚索托盘及锚固剂提前放置到钻机前端。锚索输送装置将锚索传输到孔内，输送装置同时动作。转动马达开始搅拌，一边转动锚索，一边上升支腿。当钢绞线下端距顶板 150～200 mm 时，支腿停止上升，继续搅拌树脂药卷 10 s，钻机前进并施加预紧力，完成锚索安装。

5.2.4　重点工序操作要求

（1）截割要求

① 巷道设计高度为 4.45 m，且应沿煤层底板掘进。

② 当煤层倾斜时，掘锚机截割应适当割顶，将巷道顶板左右两侧顶煤同时割完，防止薄煤层垮落伤人。

（2）支护要求

① 临时支护不得破坏顶板完整性。

② 安装锚杆要求如下：

树脂药卷推出后，其搅拌时间为 8～40 s。在等待 10～60 s 后，方可退出钻机。集控中心处需设置好设备运行参数；待所打锚杆树脂药卷达到终凝时间后，用扭矩扳手进行扭矩力试验，要求锚杆外露长度为 10～50 mm，扭矩不小于 150 N·m，锚固力大于等于 85 kN，间、排距误差不超过 ±100 mm。备料人员要仔细检查锚杆质量是否合格。不允许使用弯曲不直的锚杆。

③ 安装锚索要求如下：

ϕ17.8 mm×6 500 mm 锚索钻眼深度为 6 100～6 300 mm。每根锚索使用 2 支 MSCK2380 型树脂剂锚固。锚索锚固力为 200 kN。锚索露出锁具长度为 150～250 mm。锚索间排距误差为 ±100 mm。

（3）两掘一探

两个掘进班，一个检修班。检修班负责探水和检修工作。掘进班负责煤巷掘进工作。

5.3 智能快掘辅助工艺流程

5.3.1 整机模块化安装工艺

（1）在井上，基于现场施工原型建立三维立体模拟巷道。把掘锚成套装备在模拟巷道内进行试运转，逐项排查安装过程中存在的问题，并提出解决方案。最后实现掘锚成套设备正常试运转，同时形成系统性掘锚装备安装方案。

（2）按照掘锚装备安装方案将整机进行模块化分类，并按照一定的顺序进行编码。

（3）在井下联巷口附近选择适宜的安装点，提前标定好安装段位置，然后提前施工起吊点等工程。

（4）提前制定运输线路规划，规划好运输时段。然后将拆机后的设备按顺序依次运至安装位置，按照设定掘锚设备安装方案井然有序地将装备组装到位。

5.3.2 全断面措施巷施工工艺

根据措施巷施工设计,在指定位置施工措施巷。由于巷道内施工设备受空间限制,只能施工呈一定夹角的斜联巷。因此,预先在帮部划分斜联巷施工区域,同时不支护该区域。掘锚机调整机身进行掘进施工,同时在机身后方布置转载点将落煤运至胶带输送机上将其运走。待联巷巷贯通后该区域采用人工支护。

5.3.3 分域交替式地坪施工工艺

以主辅运平巷为例,按照联络巷分区域进行铺地坪作业。施工期间将车辆分流,按照每天掘进 60 m 进尺计算,每 7 d 组织进行一次地坪施工,一次性施工长度为 400~500 m,单次施工工期为 16 h。地坪施工区间采用倒退式施工方案。施工期间车辆人员绕走联络巷、相邻巷道,并采用分段开放通行的方法,以减小地坪施工对辅助运输的影响。

5.4 劳 动 组 织

依据掘进工作面各工序之间的耦合度及班组任务分配,编制合理的循环作业图表。施工过程中严格按照循环作业图表(见表 5-1)进行施工,保证正规循环作业,实现全作业流程的掘支平行,提高掘进效率。

5.4.1 作业循环及人员定额

施工组织采用"三八"制作业,即两个班生产、一个班检修。

早班(检修班)承担检修任务,负责对机电设备进行全面检修与保养,同时负责工作面设备、胶带前移,还有管路、电缆延伸及支护材料的运送等工作,为生产班做好生产准备。生产班完成落煤、装煤、运煤、支护和清理浮煤等工作。各工作业人员种采用平行与顺序作业相结合的劳动组织形式。各负其责,互相配合。表 5-2 为工作面人员定额表。

表5-1 循环作业图表

序号	工序	时间/min	零点班 1-8	八点班 9-16	四点班 17-24
1	交接班、安全检查、调激光、备料	30			
2	移机稳固、护顶	5			
3	掘锚一体机割煤、运煤	14			
4	锚杆（索）支护	14			
5	备料	16			
6	搭皮带架	14			
7	延风筒	14			
8	交接班、安全检查、瓦斯检查	20			
9	探放水	180			
10	设备检修	240			
11	延长检修皮带	240			
12	延风水管路	120			
13	文明生产	460			

表 5-2　工作面人员定额表

序号	工种	人员定额				
		生产一班	生产二班	检修班	管理人员	合计
1	班长	1	1	1		3
2	掘锚一体机司机	1	1			2
3	机组备料工	2	2			4
4	胶带运输机司机	2	2			4
5	电工	1	1	4		6
6	钳工			6		6
7	探放水工			3		3
8	标准化工			3		3
9	材料员				2	2
10	采掘技术员				1	1
11	机电技术员				1	1
12	副队长				3	3
13	队长				1	1
合计		7	7	17	8	39

注:生产、检修班组按照 1.4 比例配置人员,管理人员 8 人,合计 52 人。

5.4.2　劳动定额

生产班每班作业时间为 8 h,每循环掘进进尺为 1 m。计划生产班单班有效掘进时间为 7 h,掘进工效为 5 m/h,单班进尺为 35 m,按计划每日掘进进尺 70 m 计算,月掘进进尺可达 1 828 m。正常生产时间按 27.5 d 计算,正规循环率按 95% 计算。

5.5　"六型六化"管理体系

快掘是一项实现矿井正常接续的有效方式,特别对缓解采掘接续紧张的局面至关重要。因此,采用快掘工艺时对快掘区队管理提出了更高更严的要求。在平时掘进作业中存在以下管理问题：① 区队管理制度简单，精细化落实不到位；② 现场管理中的劳动组织工序协调上存在重叠区域、孤岛区域，没有一个完整运转枢纽，不能发挥每一位员工的积极性；③ 装备管理上存在责任混乱，推诿扯皮现象，导致装备维护不及时，事故率高，不能发挥设备效能。因此，需要从实际出发，通过探索和研究快掘区队的管理方式和方法，多方面、多节点、全工位地对区队进行科学管理。在实现快掘目标的同时，曹家滩煤矿形成了一套与快掘相配套、极具特色的"六型六化"管理体系。这为在全国范围内推广快掘工法提供了教科书式的管理指导。

5.5.1 精准化融合型素质提升体系

（1）多种形式学技能

通过开展外出对标、深入厂家、现场实操、以师带徒、班前课堂、线上实时等多种形式，提升作业人员装备使用操作、检查检修、维护保养、优化改造等技能。

（2）专题研讨增强技术

充分利用智能快掘技术攻关研讨会、项目推进会、成果交流会、总结分析会等载体，形成常态化产学研用一体化技术交流机制，为作业人员增强技术水平提供了平台。

（3）明确责任抓管理

按照管理干部分片包区、机电设备包机到人的思路，组建智能快掘管理团队，建立健全管理制度，明确工作职责，细化目标任务，构建标准科学、流程清晰、运行有序的管理体系。

5.5.2 精细化市场型考核评价体系

（1）材料消耗和运输车辆"两册"管理

成立专门下料班组，对掘进过程中的材料、运输车辆实施台账管理，加强工作职责和安全生产考核管理。图 5-7 所示为材料精细化管理系统。

（2）成本核算和绩效考核"双轮"驱动

严格实施内部市场化制度，通过延米单价对每个工序进行定价，确保每个工序更加精细。实现降本增效；实施"月晒单、全晒绩"考核办法，根据上月出勤情况，大幅度提升保勤额度；工资分配向掘进迎头施工人员、少数关键性岗

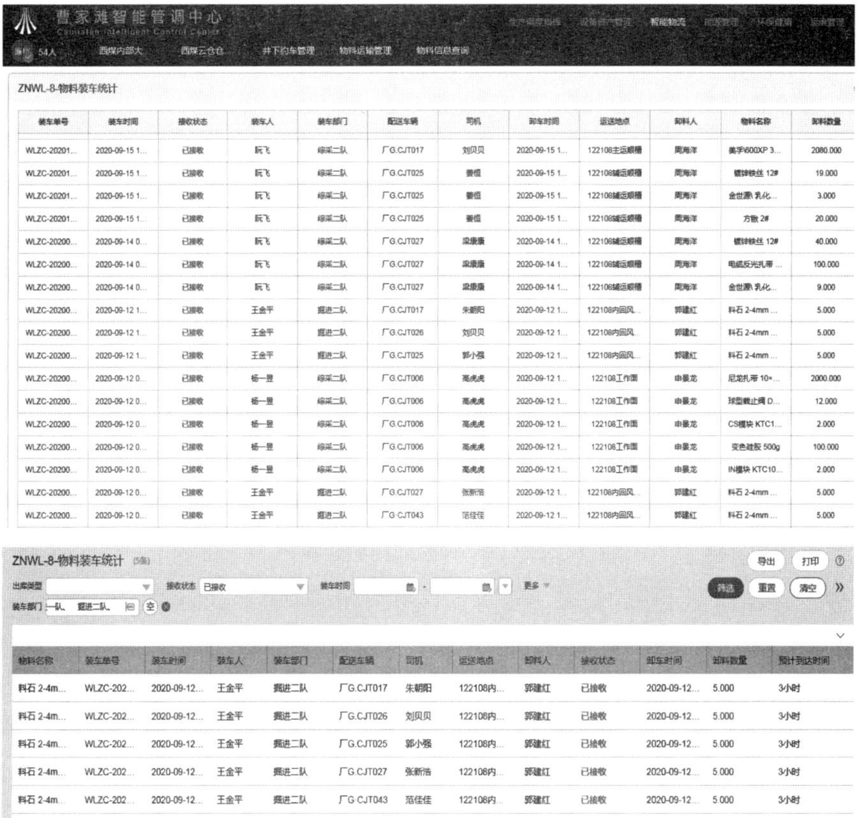

图 5-7　材料精细化管理系统

位人员倾斜,充分调动员工工作积极性。

5.5.3　科学化规范型劳动组织体系

(1)优化劳动组合

根据现场实际生产情况和机电设备运行情况,将技术骨干人员分配至各关键岗位、重要地点,充分发挥技术骨干作用,通过以师带徒方式,确保每月掘进进尺计划的顺利完成。

(2)规范合理用工

实施科学化、规范化管理,遵循正规作业循环,合理衔接各工序与人员安排,确保各工种作业各司其职、各尽其责。

（3）科学规划时间

充分利用好交接班时间,合理穿插安排尾工作业,减少尾工的占用时间。及时将各种材料、工具运卸至指定地点。合理分配作业人员,不出现窝工、怠工现象。

5.5.4　定制化菜单型设备全生命周期维护体系

（1）设备包机到人,管理责任到位

按照"定机、定标、定期、定人"的管理原则,以源头管理为重点,对机电设备严格分类、包机到人。严格填写"机电设备检修菜单式记录表",变被动式故障处理为主动式预防性检修,确保设备正常运转。图 5-8 所示为设备全生命周期管理系统。

（2）实施岗位工与维修工结对子制度

通过"结对子",形成人人协同、人机协同的新模式,达到"1＋1＞2"的效果,既强化了员工的协同力,又增强了设备的保障力。

（3）加强业务培训,提高业务水平

通过积极组织开展业务知识学习班、专业技能提升专题培训班,不断提高全员的业务素质和技能水平,让全员参与到机电的维护中,提高设备完好率,有效减少机电事故。

5.5.5　全面化创新型科研攻关体系

（1）创新激励考核办法

制定全员创新分级奖励办法,以创新性、效益性、推广性作为创新项目的评分标准,依据评分标准进行分级奖励,充分调动员工创新的积极性。

（2）注重创新成果转化

通过建立以企业为主体,产学研用相结合的创新成果转化机制,为创新成果转化搭建了一个有序、规范、畅通的平台,不断促进创新成果有效转化。

5.5.6　责任化榜样型现场管理体系

（1）强化现场精细管理

始终坚持一线管理干部"三不"原则(即完不成任务不上井,工程质量达不到要求不收工,为下班创造不好安全条件不离岗)。

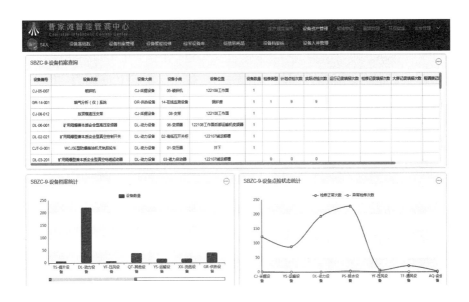

图 5-8　设备全生命周期管理系统

（2）搭建党员作用发挥平台

通过搭建党员示范区、党员先锋岗、党员责任区作用发挥平台，形成了党员与工人同上同下、现场有困难必上、有问题必改的良好工作氛围。图5-9所示为党员先锋岗展示。

图 5-9　党员先锋岗展示

第6章　智能快掘质量保障关键技术

巷道施工质量保障技术是智能快掘工法不可分割的重要组成部分。智能快掘的高速发展能够实现工作面机械换人,能够解决采掘接替紧张的难题。但这也给工作人员把控质量带来更大的挑战。为此,智能快掘科研团队以工程质量中的巷道成形、支护质量、围岩应力为着力点,借鉴国内外质量检测手段,构建一套从巷道开挖到竣工的"三闭环"质量验收流程(见图 6-1),以此来弥补后配套工程质量验收缺陷,给工人营造安全的作业环境。

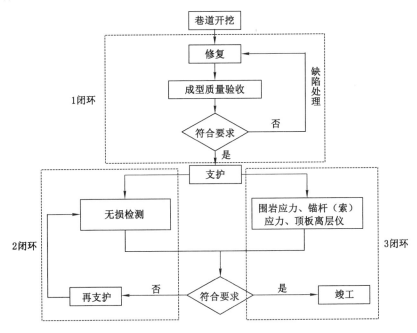

图 6-1　"三闭环"质量验收流程

6.1　巷道几何尺寸监测

按照现代化巷道标准化要求,施工完成的巷道必须平直度完好,不能出现大的起伏。但在巷道实际掘进过程中,受地质条件、人为因素、装备因素等诸多因素的影响,很难保证巷道施工的质量。面对这个问题,智能快掘科研团队采用地质测量、智能化精准定位、自动纠偏等技术,在第三套智能快掘装备上安装陀螺导向仪,实现防爆数字陀螺定向功能;同时在机组上装设高清显示控制屏,实现对巷道激光中线进行不间断监测,实时显示巷道偏差,控制巷道中线偏差不超过 5 cm,避免各种不可控因素影响巷道的正常成形。

6.2　支护质量监测

锚杆支护属于隐蔽性工程。锚杆支护设计不合理或施工质量不好都有可能导致顶板垮落、两帮片帮,进而发生安全事故。因此,在锚杆支护施工过程中,必须严格按照设计或掘进作业规程的要求完成各个作业工序。锚杆支护施工后,不仅要进行工程质量监测,确保施工质量满足设计要求;还应对巷道围岩变形与破坏情况、锚杆(索)受力大小和分布情况进行全面、系统监测,以获得支护体和围岩的位移与应力信息,实现巷道工程质量的动态性分析。

6.2.1　顶板位移动态监测

巷道开挖后,围岩的变形、顶板不同区域的位移是不相同的。一般浅部岩层的位移较大、深部岩层的位移较小。这就导致浅部岩层与深部岩层出现位移差,进而影响顶板稳定性。在巷道快速掘进过程中,掘进速度快,巷道顶板监控不及时,会造成一系列顶板安全隐患。为了解决这些问题,智能快掘科研团队引进 YHW150W 矿用本安型顶板位移传感器(见图 6-2),实现对顶板离层情况进行动态监测。

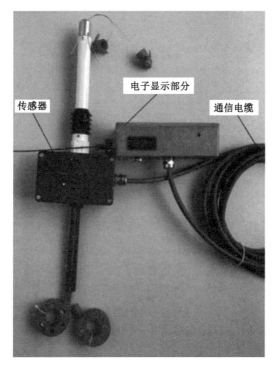

图 6-2 YHW150W 矿用本安型顶板位移传感器

这种顶板位移传感器是集位移传感器、单片计算机、数据采集电路、无线通信接口、LED 显示为一体的智能化监测仪器。这种顶板位移传感器设计了 2 个位移测量通道。2 个位移测量通道被安装到钻孔不同深度基点中(见图 6-3)。传感器和顶板之间的位移会使内置的传感器上输出电压信号。电压信号经模拟通道放大后被单片计算机采集,并被单片机数据处理后转换为位移量。位移量以数字显示。以无线通信的方式把位移量数据传输至井上的计算机处理系统。井上计算机处理系统能够实时、在线监控顶板离层状况,及时进行信息反馈,确保巷道施工安全。

6.2.2 锚杆(索)应力实时监测

锚杆(索)应力监测是巷道矿压监测的重要内容,是巷道施工质量评定的关键环节。通过监测支护体受力大小与分布情况,能够比较全面地了解锚杆与锚索工作状况,判断锚杆是否发生屈服与破断,判断锚杆支护是否合理,有

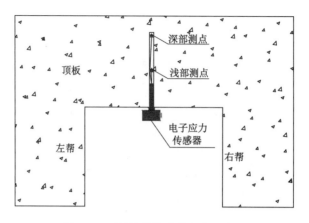

图 6-3　顶板位移传感器安装示意图

利于评价巷道围岩的稳定性与安全性。智能掘进工作面建设对巷道施工质量监测提出了新的要求。原有的读表式观测模式已远远跟不上巷道掘进发展的步伐。为了快速、准确地处理和分析监测数据，及时根据监测数据进行巷道掘进工程质量缺陷修复。智能快掘科研团队还引进 GYM400W 矿用本安型锚杆(索)应力传感器(见图 6-4)，以保障锚杆(索)施工的可靠性。

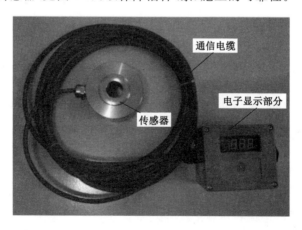

图 6-4　GYM400W 矿用本安型锚杆(索)应力传感器

在巷道掘进过程中，采用穿孔式固定安装法，将传感器安装在锚杆的托盘和紧固螺母之间(见图 6-5)。传感器安装时，传感器要居中安装，传感器偏离中心安装时会造成一定的测量误差。传感器安装完成后，传感器和顶板之间的压力会使内置的传感器上输出电压信号。电压信号经模拟通道放大后被单片机采集,并被数据处理转换为压力值。压力值以数字显示。以无线通信的方式把压力值传到手机或井上计算机处理系统。这样可以实现锚杆(索)工作状态的实时监测。

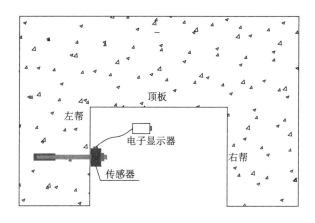

图 6-5　锚杆(索)应力传感器安装示意图

6.2.3　围岩应力连续监测

巷道开挖后,随着掘进工作面空间和时间关系不断变化,煤岩体内的应力发生变化。现场监测煤岩体内应力变化,对于全面了解掘进工作面煤体的采动影响范围与程度和后续巷道内部围岩应力的连续变化情况,以及评价巷道的稳定性和安全性具有重要的意义。煤体内部围岩应力监测很难。要实现煤体内部围岩应力连续、直观监测更是难上加难。智能快掘科研团队采用耦合智能快速掘进围岩监测技术,选择目前具有高精度应变测量技术、可以进行长期连续检测、适应较强的环境能力的 GYW25W 矿用本安型围岩应力传感器(见图 6-6),以实现对围岩应力的连续和实时监测。

这种围岩应力传感器通过其前端高精度感应探头能够与围岩密切接触(见图 6-7)。当围岩应力发生变化且作用于该探头时,该传感器上输出电压信号。电压信号经单片机数据处理器转化为压力值。压力值被显示在 LED 显示屏上。这样可以通过无线传输方式实现井上下压力值信息的互动,实现围岩应力连续监测。

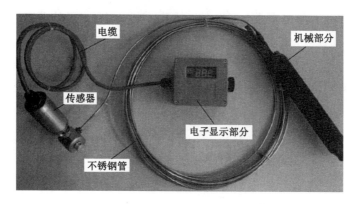

图 6-6　GYW25W 矿用本安型围岩应力传感器

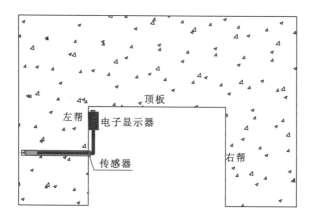

图 6-7　围岩应力传感器安装示意图

6.3　支护性能评价体系

　　锚杆(索)施工是隐蔽工程。锚杆(索)施工时,若现场工人偷工减料,则锚固段空孔问题就会发生。这会导致施工过的锚杆(索)容易锈烛、耐久性差,严重影响巷道工程的安全稳定性和耐久性。因此,选择一种有效的锚杆(索)锚固质量评价方法和手段成为智能快掘必须解决的问题。

目前,经常使用的锚杆(索)锚固质量评价的检测手段主要包括:破坏性试验、拉拔试验、长期监控、无损检测。无损检测能够对正在或已经施工的工作面锚杆(索)进行检测,并且成本低、方便快捷,对锚杆(索)结构不产生破坏。破坏性试验可用于工作面锚杆(索)施工完成后的检验,但是由于费用较高、操作麻烦、对已施工的锚杆(索)具有破坏性,会影响巷道工程的安全性,所以难以大规模使用。加强无损检测或以无损检测取代拉拔试验,已越来越被科研人员所认可。智能快掘科研团队秉持技术引领、智能先行的理念,采用CMSW6(A)矿用高集成度智能化本安型锚杆(索)无损检测设备对正在施工或施工过的锚杆(索)进行实时随机抽检,从而保证巷道的高质量施工。

6.3.1　锚杆(索)无损检测

CMSW6(A)矿用高集成度智能化本安型锚杆锚索无损检测设备包括连接夹片、传感器、数据传输电缆、数据采集仪(便于携带的主机)、电锤(小锤)及数据分析软件等。锚杆(索)无损检测设备安装示意图如图 6-8 所示。

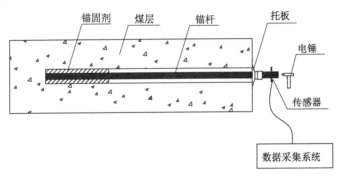

图 6-8　锚杆(索)无损检测设备安装示意图

(1) 锚杆(索)长度检测

锚杆(索)与围岩锚固好后,锚杆(索)的锚固段会形成一个弹性波阻抗界面。在锚杆(索)的外端安装一个响应传感器。在锚杆(索)的外端会产生一个弹性波振动信号。这个振动信号首先被响应传感器接收到。弹性波同时沿着锚杆(索)传播。当弹性波遇到锚固界面和锚杆(索)底端时,均产生反射回波信号。反射回波信号被响应传感器接收后,由检测仪采集、显示。通过接收到的回波信号即可确定锚杆(索)的实际长度和锚固长度。

（2）锚固力检测

锚杆（索）与围岩锚固好后锚杆（索）与围岩构成了一个结构体系。利用结构动态分析方法,通过测定施加给锚杆（索）的激励（输入）函数和锚杆（索）的动态响应函数来识别锚杆（索）的动态特性。通过对锚杆（索）动态特性的分析计算,即可计算锚杆（索）的锚固力。

锚杆（索）无损检测操作流程如图 6-9 所示。

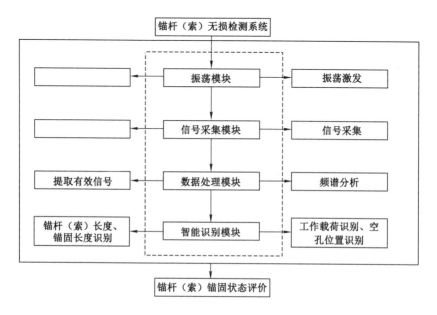

图 6-9 锚杆（索）无损检测操作流程图

6.3.2 支护质量检测分析

（1）锚杆（索）基础参数测试分析

相关数据测试分析前,首先将施工中使用的锚杆（索）、锚固剂参数输入,然后利用弹性波反射法进行锚杆（索）长度、锚固长度测试。锚杆（索）长度、锚固长度检测界面如图 6-10 所示。

第一界面显示测示长度弹性波波形采集图,第二界面显示理论的锚杆（索）自由端长度和锚固段长度模型。数据分析测试所得弹性波波形过程中,根据实测弹性波波形选择合适的波峰、波谷位置。在出现双波峰的位置,进行

图 6-10　锚杆(索)长度、锚固长度

检测界面示意图

理想化数据采集,随后通过串口将生成的文本格式的文件进行数据分析,精准计算出锚杆(索)长度、外露长度、埋深、锚固长度等参数。

(2)锚杆(索)锚固空孔测试分析

锚杆(索)锚固质量需要根据标准试验判断。参照标准锚杆(索)锚固段图谱标定空孔位置,将被检测锚杆(索)的检测弹性波波形与标准锚杆(索)试验样品的进行比对,并结合施工资料、地质条件来综合判定。应通过施工记录判断连接式锚杆连接处的反射信号与锚杆锚固段空孔位置反射信号、杆底反射信号,通过地质资料区分煤岩体界面反射信号与锚固体系缺陷反射信号、杆底反射信号。

6.3.3　锚固力评价体系

根据实测锚杆力 F_T 和设计锚固力 F_D 的关系,制定如下锚固状态判定标准:

(1)若 $F_T \geqslant 90\% F_D$,则认为"锚固状态"为"优";

(2)若 $90\% F_D > F_T \geqslant 80\% F_D$,则认为"锚固状态"为"良";

(3)若 $80\% F_D > F_T \geqslant 60\% F_D$,则认为"锚固状态"为"合格";

(4)若 $F_T < 60\% F_D$,则认为"锚固状态"为"差"。

6.4　巷道表面位移监测

（1）测点布置

巷道表面位移测点布置采用十字交叉断面法，如图 6-11 所示。

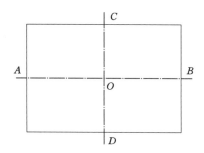

图 6-11　巷道表面位移测点布置示意图

（2）测点安设

在测点处找同一断面且同一水平的两根锚杆（在锚杆外露端部做记号），作为测量基点。

（3）测量方法

按一定的时间间隔，用塔尺或激光测距仪分别测量 *AB*、*CD*、*AO*、*CO* 各测点间的距离，即可计算出巷道顶板、底板、两帮的位移量和位移速度。

（4）量测频度

巷道开挖后，每 3 天测量一次巷道表面位移。

第七章 案 例 分 析

7.1 工 程 概 况

曹家滩煤矿位于陕西省榆林市榆阳区孟家湾乡,交通条件便利,地理位置优越。井田位于榆神矿区一期规划区西中部。井田核定煤炭产能为 15 Mt/a。井田主采 2^{-2} 煤层。煤层平均埋深为 286 m。煤层厚度为 8.47~12.03 m,平均厚度为 10.25 m,属厚煤层。煤层一般不含夹矸,局部煤层含 1 层夹矸,个别煤层含 2~3 层夹矸。夹矸厚度为 0.10~0.90 m。夹矸岩性主要为粉砂岩,其次为泥岩及碳质泥岩。夹矸结构简单,为全区可采。煤层厚度变化较大但规律性明显。煤层结构简单,属于稳定型煤层。煤层密度为 1.32 t/m³,煤层普氏硬度(f)为 $f<3$。井田地层总体走向为 NE、倾向为 NW、倾角为不足 1°的单斜构造。顶板岩性,主要为粉砂岩、细粒砂岩,其次为中粒砂岩、泥岩、砂质泥岩。底板岩性主要为粉砂岩,其次为细粒砂岩、砂质泥岩,局部为中粒砂岩、砂质泥岩。顶底板岩石氏硬度(f)为 $3<f<6$。

曹家滩煤矿 122108 主运平巷位于矿井 2^{-2} 煤层 12 盘,如图 7-1 所示。2^{-2}煤层底板标高为 +964~+997 m,2^{-2}煤层地面标高为 +1 254~+1 327 m。2^{-2}煤层地面位于大柠条湾,野鸡河三队北部,补拉湾村三组北部。井下 2^{-2}煤层工作面西部是为整个矿井服务的 4 条大巷。2^{-2}煤层东临井田边界煤柱,2^{-2}煤层南部为 122110 工作面(设计),2^{-2}煤层北部为正在回采的 122106 工作面。

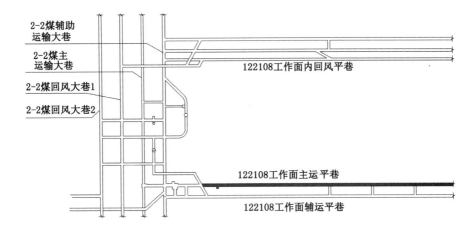

图 7-1　122108 主运平巷位置关系

7.2　支 护 参 数

曹家滩煤矿 122108 主运平巷工作面的形状为矩形。该巷道断面尺寸（长度×宽度）为 6.5 m×4.45 m。

（1）煤柱帮支护

锚杆采用规格为 ϕ20 mm×2 200 mm 的 BHRB335 型左旋无纵筋螺纹钢锚杆。锚杆间排距为 1 000 mm×1 000 mm。每排布置 4 根锚杆。最上部锚杆距顶板 300 mm，带 15°上仰角施工；其余锚杆垂直岩面施工。锚杆孔深为 2 150 mm。每根锚杆采用 1 支 MSK2380 型树脂药卷锚固，其预紧力矩要求不小于 120 N·m，其锚固力不小于 10 t。锚杆托盘选用规格为 150 mm× 150 mm×10 mm 蝶形铁托盘。

钢筋网规格为 3 800 mm×1 100 mm 的电弧焊钢筋网，钢筋直径为 5 mm。网格尺寸为 100 mm×100 mm。钢筋网与顶网搭接宽度为 100 mm，帮网与帮网搭接宽度为 100 mm。

需要注意的是，考虑到顶板起伏及托盘压网宽度，且支护材料规格不能随意更改，因此设计网片长度为 3.8 m，钢筋网采用高强度、高韧性冷拔光面钢筋电弧焊焊接。

（2）回采帮支护

锚杆采用规格为 $\phi 22$ mm×2 400 mm 的 GQN60 型高强抗扭玻璃钢锚杆及配套塔形托盘螺母。锚杆间排距为 1 000 mm×1 000 mm。每排布置 4 根锚杆。最上部锚杆距顶板 300 mm，带 15°上仰角施工；其余锚杆垂直岩面施工。锚杆孔深为 2 300 mm。每根锚杆采用 1 支 MSK2380 型树脂药卷锚固，其预紧力矩要求不小于 50 N·m，其锚固力不小于 10 t。网片选用塑钢网。塑钢网规格为 3 800 mm×2 100 mm。竖向铺网。帮网与顶网搭接宽度为 100 mm，帮网与帮网的搭接宽度为 100 mm。帮部塑钢网内不含钢丝。网孔规格为 50 mm×50 mm。

（3）顶板支护

① 锚杆支护

顶板锚杆采用规格为 $\phi 22$ mm×2 600 mm 的 BHRB335 型左旋无纵筋螺纹钢锚杆。锚杆间排距为 1 200 mm×1 000 mm。每排布置 6 根锚杆。最外侧锚杆距帮部 250 mm，带 15°外扎角施工；中间 4 根锚杆垂直顶板施工。锚杆孔深为 2 550 mm。每根锚杆采用 1 支 MSK2380 型树脂药卷锚固，其预紧力矩要求不小于 200 N·m，其锚固力不小于 10 t。锚杆托盘选用规格为 150 mm×150 mm×10 mm 的拱形高强度托盘。

② 锚索支护

顶板每排布置 2 根锚索。锚索采用规格为 $\phi 17.8$ mm×6 250 mm 的钢绞线。锚索孔深为 6 000 mm。锚索间排距为 2 400 mm×3 000 mm。锚索均垂直岩面施工。每根锚索采用 2 支 MSK2380 型树脂药卷，其锚索预紧力 14 t，其锚固力不小于 24 t。锚索托盘规格为 250 mm×250 mm×20 mm 的高强度拱形可调心托板。

③ 网片

掘锚一体机实现自动铺网。顶部网片为整体护表的塑钢网。塑钢网为内含 4 根细钢丝的抗撕裂高强网片。单根钢丝的破断强度为 4 kN。其网片规格为长 15 m，宽 3.2 m。网孔为方孔，网孔尺寸为 50 mm×50 mm。

巷道支护断面如图 7-2 所示。

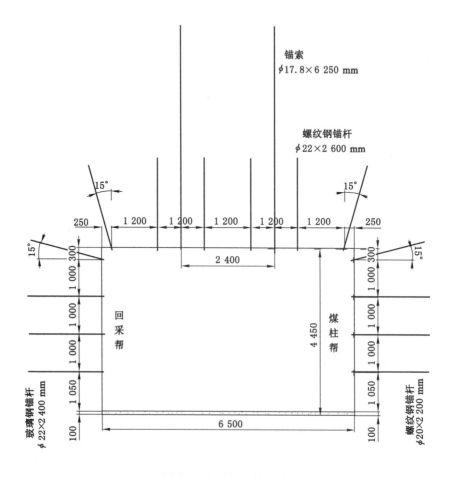

图 7-2 巷道支护断面图

7.3 应用效果

    智能快掘工法在实践中已得到成功检验。在 122108 主运平巷掘进单日进尺突破 82 m,月进尺突破 2 020 m。图 7-3 为 122108 主运平巷成巷效果图。该工法目前已使用于 122108 主、辅、回风平巷及小保当一号矿井的 112203 胶带、辅助运输平巷,取得单日进尺 91 m、月进尺稳定在 2 000 m 以上、连续无故障掘进 10 000 m 的骄人成绩,效果显著。其中 122108 回风平巷应力集中,巷道片垮帮严重,但该装备仍能顺利完成任务,取得较好成绩,具有很强的可行性和适用性。

图 7-3　122108 主运平巷成巷效果图

第8章 智能快掘工法应用效益分析

智能快掘工法是曹家滩矿业有限公司全体科研人员的智慧结晶,目前已在陕西陕煤集团各大矿区进行了大面积的推广应用。该工法使巷道智能化得到了升级,改善了顶板安全状况,显著降低了巷道支护与维护的费用,大幅减少了支护材料的运输量与费用,明显提高了巷道掘进的速度与工效,大幅提升了工作人员健康保障质量。更重要的是,该工法解决了矿井建设初期采掘接替紧张的难题,为煤巷大断面快速掘进提供了理论支持。该工法在曹家滩煤矿、小保当煤矿应用期间,创造了很大的技术效益、经济效益、社会效益。从某种意义上来说,智能快掘工法是我国掘进工作面智能升级的一次新的技术革命。

8.1 安全效益分析

采用智能快掘工法的安全效益主要体现在以下 2 个方面。

(1) 掘进工作面实现"少人则安"的本质安全

智能化升级是快掘装备升级的终极目标。目前井下正在运行的第三代智能快速掘锚成套装备通过机械手、智能材料库、一体化中空树脂锚杆、自动探放水设备、远程操作台等实现了掘进智能化。掘进工作面的施工人数由每班14 人减少至每班 5 人,实现了"少人则安"的本质安全。

(2) 现场安全管理无死角

掘锚机的机身配备了临时支护护盾油缸,使永久支护紧跟临时支护,从根本上避免了工人空顶作业。掘锚机的左右机身侧均安装了大空间高作业平台。这些平台与煤壁之间加装了防砸挡板,杜绝了片帮煤高空坠落伤害施工人员等事故的发生。

掘锚机的侧翼安装了自动报警系统。如果在设备运行期间发生人员靠近,那么该装置会自动报警,以保证人员安全。掘锚机在截割大臂前配备了自动超钻探系统,以实现超前地质探测,消除了水患的威胁。

8.2　技术效益分析

采用智能快掘工法的技术效益主要体现在以下 3 个方面。

(1) 掘进观念得到革新

随着智能快掘工法的成功推广和应用,人们认识到:现代化掘进工作面不是工序的简单叠加或"人多力量大",而是"人-机-环-管"的高度融合。智能快掘工法在含厚层、夹矸煤层、高地压煤层等复杂地质条件下的成功应用,坚定了煤矿从业人员走智能化快掘道路的信心与决心。

(2) 成巷效果显著提高

智能快掘工法采用高精准机身定位导航系统将新掘进巷道断面尺寸的误差控制在 5 cm 以内,保证了巷道成形质量。更重要的是,掘锚机采用实时监控纠偏连续性测量技术,对传统的阶段性测量法进行了革新,将巷道精准掘进提高到了一个新高度。

(3) 巷道智能化程度大幅提高

智能快掘工法实现了掘进工作面装备的智能升级。巷道掘进各工序均应用了高智能、高自动化装备,将智能化装备的覆盖率提升到了 80% 以上,同时激发了矿工的施工活力,将作业人员从繁重的劳动中解放出来。

8.3　经济效益分析

采用智能快掘工法产生了较好的经济效益。

8.3.1 直接经济效益

（1）装备节省费用

在掘锚装备方面，快掘装备 2.0 代比快掘装备 1.0 代减少了 1 台锚杆台车，节省费用 800 万元；快掘装备 3.0 代比快掘装备 2.0 代减少了 2 部二运桥架，可节省费用 350 万元。

在胶带电机驱动方面，快掘装备 2.0 代比快掘装备 1.0 代节省了 4 部电机驱动，节省费用 800 万元；快掘装备 3.0 代比快掘装备 2.0 代节省了 1 部电机驱动，可节省费用 200 万元。

（2）人员工资节省费用

传统掘进工艺条件下的掘进队组编制为 55 人，每月人均工资为 2.5 万元，一条平巷的掘进工期为 10 个月，则需支付的人员工资为 1375 万元。

巷道掘进采用快掘装备 2.0 代时，掘进队组的编制为 70 人，每月人均工资为 2.5 万元，一条平巷的掘进工期为 4 个月，则需支付的人员工资为 700 万元，可节省费用 675 万元。

巷道掘进采用快掘装备 3.0 代时，掘进队组的编制为 53 人，每月人均工资为 2.5 万元，一条平巷的掘进工期为 4 个月，则需支付的人员工资为 520 万元，可节省费用 180 万元。

（3）用电节省费用

① 胶带输送机电机驱动用电费用

传统掘进条件下，一条平巷的胶带输送机需要 6 部电机驱动。每部电机的功率为 400 kW/h，每天工作 20 h，每月需要运行 30 d，每度电收费标准为 0.545 元，则掘进一条平巷需要支付的电费为 784.8 万元。

巷道掘进采用快掘装备 2.0 代时，一条平巷的胶带输送机需要 2 部电机驱动，需要支付的电费为 104.64 万，可节省费用 680.16 万元。

巷道掘进采用快掘装备 3.0 代时，一条平巷的胶带输送机需要 1 部电机驱动，需要支付的电费为 52.32 万元，可节省费用 52.32 万元。

因此掘进一条平巷所节约的电费为 732.48 万元。

② 变频风机用电费用

巷道掘进采用快掘装备 2.0 代、3.0 代时使用的风机为变频风机。变频风机功率为 150 kW/h，每天工作 20 h，每月需要运行 30 d，每度电收费标准为

0.545 元,则掘进一条平巷需要支付的电费为 19.62 万元,比使用传统风机时可节省 4.905 万元。

③ 锚杆台车用电费用

巷道掘进采用快掘装备 2.0 代、3.0 代时比采用快掘装备 1.0 代时减少了 1 部锚杆台车。锚杆台车的驱动电机功率为 272 kW/h,每天工作 20 h,每月需要运行 30 d,每度电收费标准为 0.545 元,则掘进一条平巷节省的电费为 35.58 万元。

(4)工程节省费用

在配电点硐室工程方面,巷道掘进采用快掘装备 2.0 代时比采用快掘装备 1.0 代时可减少 4 个配电硐室的施工量;每个配电硐室长 10 m,每米的施工成本为 7 000 元,则可以节省费用 28 万元。巷道掘进采用快掘装备 3.0 代时比采用快掘装备 2.0 代时可减少 1 个配电硐室的施工量,则可以节省费用 7 万元。

(5)设备损耗降低费用

提高设备工效可延长设备的生命周期。传统掘进装备的损耗率(每千米)为 2.5%,而快速掘进装备的损耗率(每千米)为 1.3%。快掘装备(包括机组、胶带、电气设备等)的价值为 1.2 亿元/套,若按照有效进尺 20 000 m/a 计算,则全年节省的设备损耗费用为 2 880 万元。

采用智能快掘工法时,曹家滩煤矿掘进工作面经济效益量化指标具体见表 8-1。

表 8-1　采用智能快掘工法时曹家滩煤矿掘进工作面经济效益量化指标

序号	节省费用项目	类别	快掘装备 2.0 相比 1.0 节省/万元	快掘装备 3.0 相比 2.0 节省/万元	总计/万元	备注
1	装备	掘锚装备	800	350	1 150	
2		胶带驱动	800	200	1 000	
4	人员工资		675	180	855	
5	电费	胶带驱动	680.16	52.32	732.48	
6		锚杆台车	35.58		35.58	
7		变频风机		4.905	4.905	
9	工程		28	7	35	
10	设备损耗		2 880		2 880	
合计			5 898.74	794.225	6 692.97	

8.3.2 间接经济效益

智能快掘工法将传统掘进工艺条件下的成巷周期从 10 个月缩短至 4 个月,使得采煤工作面的形成周期缩短了 60%,从而大幅度降低了掘巷运营费用和巷道维护周期。根据曹家滩煤矿的巷道断面尺寸、巷道维护标准、吨煤单价等指标,采用该工法时,曹家滩煤矿年间接经济效益可达 10 亿元。因此,智能快掘工法具有显著的经济效益和广阔的应用前景。

8.4　社会效益分析

采用智能快掘工法的社会效益主要体现在以下 4 个方面。

(1) 实现减人增效,保障矿井安全生产

与采用传统掘进工艺相比,在快掘工作面采用智能快掘工法时可将施工人员数量减少 50%,施工工效提升 4 倍以上,完成了"少人化"的目标,为煤炭行业安全发展奠定了坚实的基础。

(2) 改善工人作业环境,减轻工人劳动强度

在快掘工作面采用"智能快掘工法"后,煤尘、噪声实现了从源头治理和传播治理,改善了工人作业环境,减轻了工人劳动强度,为世界尘肺病、噪声聋等职业病预防做出了贡献。

(3) 建立快掘工法体系,产生技术辐射效应

煤矿企业与科研院所、高等院校经过不断探索与实践,合作创新了一套完善的、科学的、可行的智能化快速掘进作业标准、工艺流程、操作规范。其研究成果具有较强的技术辐射效应,对全国智能快速掘进的全面推广和应用起到了示范作用。

(4) 形成新的理念,利于培养专业队伍

智能快掘科研团队在智能快掘工法的推行应用过程中十分注重产教融合与煤矿智能化人才培养,同时借助共建共享的合作平台为未来煤矿企业智能化建设培养了一批具有煤矿基础、智能生产、智能监控、智能运维、智能安控的全面型新工科人才。

第 9 章　展　　望

随着中国制造 2025 战略的实施以及智能化工业的发展,国家能源技术创新行动计划(2016—2030 年)将煤矿智能化开采作为重点研发任务。打造"少人化、无人化"的智能快掘系统将成为今后煤矿掘进装备发展和制造的方向。

智能快掘科研团队在保证掘进施工安全的条件下,通过科学的组织管理,采用新技术、新材料、新装备、新工艺,创造快速掘进工法。快速掘进工法的成功应用,将国产快速掘进系统推向了一个崭新的高度。智能快掘科研团队在未来快速掘进系统的配套技术与方法、成套装备的地质适应性匹配方法、掘进机智能截割技术、智能锚护技术、物联网集成技术等方面还需要进行深入的研究。

9.1　"十五年"智能化快速掘进系统展望

9.1.1　到 2025 年——完善高效掘进基础研究

(1) 截割参数自适应控制系统研究

研究与巷道煤岩地质条件、力学参数有关的掘进参数快速匹配技术,研究高精度、低滞后的电液联合控制技术,研究高效快速截割参数自适应控制技术。在保证人员安全、施工质量、设备稳定等情况下,通过自动调节滚筒推力、截割扭矩、贯入度等重要参数,实现设备以最大效率施工作业。在此期间同步动态获取巷道煤岩的地质参数和设备的掘进参数,为大数据交互系统分析岩体、辅助决策、风险预警等提供数据支撑。

(2) 巷道围岩稳定性判别技术研究

巷道快速掘进的关键在于能否根据岩体情况快速选择支护参数,才能保证巷道顺利、安全施工。因此巷道的围岩稳定性的判断、危岩的判识至关重要,必须配套精细地质探测技术(探水、探煤、探断层),在掌子面前方选择超前地质钻探方法,探测富水区、断层及其他导水通道,探测煤层位置、地质构造等赋存特征。利用巷道两帮快速三维重建技术并融合锚杆施作参数,判识确定有可能发生偏帮、垮塌、冒顶等事故风险区域,并提出预警信息以及支护建议。

9.1.2 到 2030 年——智能化掘进远程控制系统研发

(1)智能化快速掘进远程集控平台构建

构建智能化多机协同控制系统,实现快速掘进成套智能装备各子系统的联合动作,减少掘进面操作人员数量,实现连续、快速、稳定、安全的智能化巷道掘锚运作业。建立掘锚机、锚运破一体机和自移带式输送机等掘进工作面设备模型,锚杆、锚索等巷道支护和地质模型,压风管、供水管、排水管、通风筒等辅助系统模型,构建透明化掘进工作面场景,开发三维可视化集控平台。三维可视化平台通过对智能化掘进装备的多源信息融合及三维地质、巷道空间信息实时监测,实现掘锚一体化掘进工作面全息感知与场景再现,模拟巷道掘进与支护平行作业,快速成巷的三维可视化表达与监控,具备在地面调度中心对井下设备的"一键启停"控制和远程干预功能。

(2)"人-机-云"大数据高度融合交互系统构建

研究包括人-机可视化交互系统和机—云通信交互系统的两大交互系统,通过机载的通信设备、矿井通信设备、地面通信设备三方结合,进而形成"人-机-云"三点互通的通信格局,进而为大数据交互平台的风险预警、辅助决策等提供通信通道,为以后的"无人化"施工提供信息传输支撑。

研究通过搭载在设备本身的多个多种传感器,经过机载计算机计算处理,实时显示设备的工作状态并将施工重要参数打包发送给大数据交互平台的人—机可视化交互系统。研究基于人员设备安全、快速施工,通过采用安全、可靠、成熟的通信技术,使用大数据交互平台的设备、巷道风险预警及掘进过程优化决策模型高效运算等技术手段,研究搭建出高效、准确、稳定的机—云通信交互系统。

9.1.3 到 2035 年——快速智能掘进机器人群研发

开展掘进机器人的研制,推进煤矿井下巷道掘进技术与装备向智能化方向转型升级,代替人在井下恶劣环境工作,实现掘进装备由远程操作到少人、无人操作的目标。依据《煤矿机器人重点研发目录》,关于掘进、临时支护、钻锚机器人具体要求如下:

(1)在掘进机器人方面,研发能够自主决策、智能控制的掘进机器人,具备定位导航、纠偏、多参数感知、状态监测与故障预判、远程干预等功能,实现掘进机定位定向、位姿调整、自适应截割及掘进环境可视化。

(2)在临时支护机器人方面,研发掘进巷道围岩状态智能感知、自主移动定位临时支护机器人,具备支撑力自适应控制、支护姿态自适应调控、多架协同及远程干预等功能,确保掘进巷道临时支护及时可靠。

(3)在钻锚机器人方面,研发由锚杆机、锚杆仓及智能控制系统组成的钻锚机器人,实现锚杆间排距自动定位、整机自动或遥控行走、钻孔、填装锚固剂、锚杆装卸、锁紧锚杆等工程,满足井下巷道的快速支护要求。

9.2　智能科学化施工工艺、组织管理理念突破

9.2.1　智能科学化施工工艺

基于智能化快速掘进成套装备,建立集机身自主感知、信息传输、集控系统平台、生产管理平台的智能化煤巷快速掘进系统架构,形成一套智能科学化施工工艺。利用高精度高性能的智能传感器实现对快速掘进工作面作业环境立体全方位精准感知,形成智能掘进三维感知系统;同时通过提高掘进过程中信息采集密度,增加信息采集种类,统一信息采集标准,增加信息处理能力,提高信息采集、处理、分析、决策的时效性,建立满足智能工作面快速掘进的信息数据库;建立综合管控平台,实现实时数据驱动的三维场景再现远程操控,解决智能快速掘进各子系统间存在的"信息孤岛"、子系统割裂等问题。通过地面远程操控完成井下掘进工作面"探、掘、支、破、运"智能一体化作业,从而实现掘进工作面无人化、智能化、科学化作业。

9.2.2　网络数字化智能管理

科学高效的管理机制是实现巷道快速掘进的重要保障,管理制度不完善,

奖惩制度不合理,工人的工作积极性就不高;各项措施及方案落实不到位,提高掘进进尺也就无从谈起。随着科学技术革命以及智能化地不断发展,传统的管理思想和理念已逐渐难以适应人类社会的生产发展,而通过在现场实践中不断地总结经验、吸取教训,最终形成一套适合当代生产发展的管理理念和思路。

数字化管理是指利用计算机、通信、网络、人工智能等技术,量化管理对象与管理行为,实现技术、组织、协调、服务、创新等职能的管理活动和管理方法的总称。其本质就是将现代化管理思想、管理方法、管理技术、管理手段充分加以数字化,从而全面提高管理效益和效率。采用数据分工管理模式,一线员工将原始数字进行准确及时地记录,基础管理者将原始数字进行筛选、加工、上传,中层管理者对数字进行分析、判断、处理,高层管理者对数字进行最终决策。

参 考 文 献

［1］刘跃东,林健,杨建威,等.基于掘锚一体化特厚顶煤巷道快速掘进与支护技术［J］.煤炭科学技术,2017,45(10):60-65.

［2］王步康.煤矿巷道掘进技术与装备的现状及趋势分析［J］.煤炭科学技术,2020,48(11):1-11.

［3］王国法,杜毅博.智慧煤矿与智能化开采技术的发展方向［J］.煤炭科学技术,2019,47(01):1-10.

［4］王虹,王建利,张小峰.掘锚一体化高效掘进理论与技术［J］.煤炭学报,2020,45(06):2021-2030.

［5］杨健健,张强,王超,等.煤矿掘进机的机器人化研究现状与发展［J］.煤炭学报,2020,45(08):2995-3005.

［6］杨健健,张强,吴淼,等.巷道智能化掘进的自主感知及调控技术研究进展［J］.煤炭学报,2020,45(06):2045-2055.